农作物种质资源技术规范丛书

石榴种质资源描述规范和数据标准

5-28

Descriptors and Data Standard for Pomegranate (*Punica granatum* L.)

秦改花　徐义流　等　编著

中国农业科学技术出版社

图书在版编目(CIP)数据

石榴种质资源描述规范和数据标准 / 秦改花等编著. —北京：中国农业科学技术出版社，2022. 12

(农作物种质资源技术规范丛书 / 董玉琛，刘旭主编)

ISBN 978-7-5116-6064-0

Ⅰ.①石… Ⅱ.①秦… Ⅲ.①石榴-种质资源-描写-规范 ②石榴-种质资源-数据-标准 Ⅳ.①S665.4-65

中国版本图书馆 CIP 数据核字(2022)第 229105 号

责任编辑 崔改泵
责任校对 李向荣
责任印制 姜义伟 王思文

出 版 者 中国农业科学技术出版社
北京市中关村南大街 12 号 邮编：100081
电 话 (010) 82109194(编辑室) (010) 82109702(发行部)
(010) 82109709(读者服务部)
网 址 https://castp.caas.cn
经 销 者 各地新华书店
印 刷 者 河北鑫彩博图印刷有限公司
开 本 710 mm×1000 mm 1/16
印 张 6.25
字 数 122 千字
版 次 2022 年 12 月第 1 版 2022 年 12 月第 1 次印刷
定 价 50.00 元

《农作物种质资源技术规范》

总编辑委员会

陈成斌　陈彦清　宗绪晓　郑殿升　房伯平

范源洪　欧良喜　周传生　赵来喜　赵密珍

俞明亮　郭小丁　姜　全　姜慧芳　柯卫东

胡红菊　胡忠荣　娄希祉　高卫东　高洪文

袁　清　唐　君　曹永生　曹卫东　曹玉芬

黄华孙　黄秉智　龚友才　崔　平　揭雨成

程须珍　董玉琛　董永平　粟建光　韩龙植

蔡　青　熊兴平　黎　裕　潘一乐　潘大建

魏兴华　魏利青

总审校　娄希祉　曹永生　刘　旭

《石榴种质资源描述规范和数据标准》
编 写 委 员 会

主 编 著 秦改花　徐义流

副主编著 曹　榛　刘春燕　黎积誉　贾波涛

编 著 者 秦改花　徐义流　曹　榛　刘春燕
黎积誉　贾波涛

审 稿 人 (以姓氏笔画为序)
王力荣　陈学森　张绍铃　苑兆和
郝兆祥　郭晓成　曹玉芬　曹永生
曹尚银

审　　校 曹永生

《农作物种质资源技术规范》

前　言

农作物种质资源是人类生存和发展最有价值的宝贵财富，是国家重要的战略性资源，是作物育种、生物科学研究和农业生产的物质基础，是实现粮食安全、生态安全与农业可持续发展的重要保障。中国农作物种质资源种类多、数量大，以其丰富性和独特性在国际上占有重要地位。经过广大农业科技工作者多年的努力，目前已收集保存了51万份种质资源，积累了大量科学数据和技术资料，为制定农作物种质资源技术规范奠定了良好的基础。

农作物种质资源技术规范的制定是实现中国农作物种质资源工作标准化、信息化和现代化，促进农作物种质资源事业跨越式发展的一项重要任务，是农作物种质资源研究的迫切需要。其主要作用是：①规范农作物种质资源的收集、整理、保存、鉴定、评价和利用；②度量农作物种质资源的遗传多样性和丰富度；③确保农作物种质资源的遗传完整性，拓宽利用价值，提高使用时效；④提高农作物种质资源整合的效率，实现种质资源的充分共享和高效利用。

《农作物种质资源技术规范》是国内首次出版的农作物种质资源基础工具书，是农作物种质资源考察收集、整理鉴定、保存利用的技术手册，其主要特点：①植物分类、生态、形态，农艺、生理生化、植物保护，计算机等多学科交叉集成，具有创新性；②综合运用国内外有关标准规范和技术方法的最新研究成果，具有先进性；③由实践经验丰富和理论水平高的科学家编审，科学性、系统性和实用性强，具有权威性；④资料翔实、结构严谨、形式新颖、图文并茂，具有可操作性；⑤规定了粮食作物、经济作物、蔬菜、果树、牧草绿肥等五大类100多种作物种质资源的描述规范、数据标准和数据质量控制规范，以及收集、整理、保存技术规程，内容丰富，具有完整性。

《农作物种质资源技术规范》是在农作物种质资源50多年科研工作的基础上，参照国内外相关技术标准和先进方法，组织全国40多个科研单位，500多名科技人员进行编撰，并在全国范围内征求了2 000多位专家的意见，召开了近百次专家咨询会议，经反复修改后形成的。《农作物种质资源技术规范》按不同作物分册出版，共计130余册，便于查阅使用。

《农作物种质资源技术规范》的编撰出版，是国家农作物种质资源平台建设的重要任务之一。国家农作物种质资源平台由科技部和财政部共同设立，得到了各有关领导部门的具体指导，中国农业科学院的全力支持及全国有关科研单位、高等院校及生产部门的大力协助，在此谨致诚挚的谢意。由于时间紧、任务重、缺乏经验，书中难免有疏漏之处，恳请读者批评指正，以便修订。

总编辑委员会

前　言

石榴是千屈菜科（Lythraceae）石榴属（*Punica* L.）多年生木本果树，有石榴（*Punica granatum* L.）和索科特拉石榴（*Punica protopunica* Balf.）2个种，栽培的只有石榴1个种。

石榴是最早被人类认识到可以食用的果树之一，原产伊朗、阿富汗和高加索等地区，向东传播到印度和中国，向西传播到地中海周边国家及世界各适生地。有学者认为，我国西藏也是石榴的原产地之一。石榴在长期的驯化、栽培过程中形成了大量的种质资源，构成了丰富的遗传多样性。

种质资源的收集、保存与评价是优异种质筛选、新种质创制及优良品种选育的前提与基础。我国十分重视石榴种质资源的收集与保存工作，山东、安徽、河南等地均已建成一定规模的石榴种质资源圃。在资源调查、评价基础上，选育出的‘秋艳’‘泰山红’‘晶花玉石籽’等优良品种，已成为我国石榴产区的区域性主栽品种。为充分挖掘石榴资源的遗传信息，我国科学家先后完成了安徽传统主栽品种‘大笨籽’、山东主栽品种‘泰山红’及引进品种‘突尼斯软籽’的全基因组测序，在全基因组遗传信息分析基础上，开展了218份石榴资源的遗传多样性分析，并建立了我国主栽品种的分子标签，为资源的进一步开发利用奠定了重要基础。各石榴种质资源圃已成为开展科学研究、资源交流、成果示范、人才培养和科普教育的重要基地。

目前，国内外关于石榴资源和品种介绍的研究成果很多，相关的著作有《中国果树志·石榴卷》《中国石榴地方品种图志》《The Pomegranate Botany，Production and Uses》等。这些文献很好地记载了我国石榴种质资源的栽培现状及基本特征，但由于没有统一的描述规范和数据标准，现有文献中对石榴一些主要特征特性的描述还不够全面、标准尚不统一，数据也不够规范。为充分挖掘和利用石榴资源，进而为石榴种质资源的创制与利用提供依据，非常有必要开展石榴种质资源描述规范和数据标准的制定。

规范标准是国家自然科技资源平台建设的基础，种质资源描述规范和数据标准的制定是国家农作物种质资源平台建设的重要内容。制定统一的石榴种质资源规范标准，有利于整合全国石榴种质资源，规范石榴种质资源的收集、整理和保存等基础性工作，创造良好的资源和信息共享环境与条件。建立高效的共享平台，能够充分提高其经济效益、社会效益和生态效益。

石榴种质资源描述规范规定了石榴种质资源的描述符及其分级标准，以便对石榴种质资源进行标准化整理和数字化表达，石榴种质资源数据标准规定了石榴种质资源各描述符的字段、名称、类型、长度、小数位、代码等，以便建立统一、规范的石榴种质资源数据库。石榴种质资源数据质量控制规范规定了石榴种质资源数据采集全过程中的质量控制内容和质量控制方法，以保证数据的系统性、可比性和可靠性。

《石榴种质资源描述规范和数据标准》一书由安徽省农业科学院园艺研究所主持编写。在编写过程中得到了有关单位的大力支持，编写中参考了相关文献资料。由于篇幅所限，文中仅列出主要参考文献，在此向有关单位表示感谢。因作者的水平有限，难免有错误与不当之处，敬请读者批评指正。

编著者

2022 年 3 月

目　　录

1 石榴种质资源描述规范和数据标准制定的原则和方法

1.1 石榴种质资源描述规范制定的原则和方法

1.1.1 原则

1.1.1.1 优先采用现有数据库中的描述符和描述标准。

1.1.1.2 以种质资源研究和育种需求为主，兼顾生产与市场需要。

1.1.1.3 立足中国现有基础，考虑将来发展，尽量与国际接轨。

1.1.2 方法和要求

1.1.2.1 描述符类别分为6类。

1 基本信息
2 形态特征和生物学特性
3 品质特性
4 抗逆性
5 抗病虫性
6 其他特征特性

1.1.2.2 描述符代号由描述符类别加两位顺序号组成。如“101” “110” “210” 等。

1.1.2.3 描述符性质分为3类。

M 必选描述符（所有种质必须鉴定评价的描述符）
O 可选描述符（可选择鉴定评价的描述符）
C 条件描述符（只对特定种质进行鉴定评价的描述符）

1.1.2.4 描述符的代码是有序的。如数量性状从细到粗、从低到高、从小到大、从少到多、从弱到强、从差到优排列，颜色从浅到深，抗性从强到弱等。

1.1.2.5 每个描述符应有一个基本的定义或说明。数量性状应标明单位，质量性状应有评价标准和等级划分。

1.1.2.6 植物学形态描述符一般应附模式图。

1.1.2.7 重要数量性状应以数值表示。

1.2 石榴种质资源数据标准制定的原则和方法

1.2.1 原则

1.2.1.1 数据标准中的描述符应与描述规范相一致。

1.2.1.2 数据标准应优先考虑现有数据库中的数据标准。

1.2.2 方法和要求

1.2.2.1 数据标准中的代号应与描述规范中的代号一致。

1.2.2.2 字段名最长 12 位。

1.2.2.3 字段类型分字符型（C）、数值型（N）和日期型（D）。日期型的格式为 YYYYMMDD。

1.2.2.4 经度的类型为 N，格式为 DDDFF；纬度的类型为 N，格式为 DDFF。其中 D 为度，F 为分。东经以正数表示，西经以负数表示；北纬以正数表示，南纬以负数表示。如“11712”“3258”。

1.3 石榴种质资源数据质量控制规范制定的原则和方法

1.3.1 采集的数据应具有系统性、可比性和可靠性。

1.3.2 数据质量控制以过程控制为主，兼顾结果控制。

1.3.3 数据质量控制方法应具有可操作性。

1.3.4 鉴定评价方法以现行国家标准和行业标准为首选依据；如无国家标准和行业标准，则以国际标准或国内比较公认的先进方法为依据。

1.3.5 每个描述符的质量控制包括田间设计，样本数或群体大小，时间或时期，取样数和取样方法，计量单位、精度和允许误差，采用的鉴定评价规范和标准，采用的仪器设备，性状的观测和等级划分方法，数据校验和数据分析。

2　石榴种质资源描述简表

序号	代号	描述符	描述符性质	单位或代码
1	101	全国统一编号	M	
2	102	种质圃编号	M	
3	103	引种号	C/国外种质	
4	104	采集号	C/野生资源或地方品种	
5	105	种质名称	M	
6	106	种质外文名	C	
7	107	科名	M	
8	108	属名	M	
9	109	学名	M	
10	110	原产国	M	
11	111	原产省	M	
12	112	原产地	C	
13	113	海拔	C/野生资源或地方品种	m
14	114	经度	C/野生资源或地方品种	
15	115	纬度	C/野生资源或地方品种	
16	116	来源地	M	
17	117	保存单位	M	
18	118	保存单位编号	O	
19	119	系谱	C/选育品种或品系	
20	120	选育单位	C/选育品种或品系	
21	121	育成年份	C/选育品种或品系	
22	122	选育方法	C/选育品种或品系	
23	123	种质类型	M	1：野生资源　2：地方品种 3：育成品种　4：品系 5：遗传材料　6：其他
24	124	种质用途	O	1：生产　2：遗传育种 3：多种用途
25	125	果实用途	M	1：食用　2：加工　3：药用 4：观赏　5：多种用途

（续表）

序号	代号	描述符	描述符性质	单位或代码
26	126	植株用途	O	1：生产　2：砧木　3：其他
27	127	种质收集源	O	1：野生　2：果园　3：庭院 4：市场 5：资源圃　6：研究机构 7：其他
28	128	收集材料类型	O	1：枝条　2：叶片　3：果实或种子 4：花粉　5：根系　6：芽 7：植株　8：DNA
29	129	图像	O	
30	130	观测地点	C	
31	201	植株生长类型	M	1：灌木　2：小乔木
32	202	树姿	M	1：直立　2：半开张　3：开张 4：下垂
33	203	株（丛）高	O	m
34	204	株（丛）冠幅	O	m×m
35	205	冠形	O	1：半圆形　2：圆头形 3：倒圆锥形 4：纺锤形　5：扁圆形
36	206	主干特征	O	0：无扭曲　1：扭曲
37	207	主干树皮特征	O	1：光滑　2：纵裂　3：片状剥落
38	208	干周	O	cm
39	209	一年生枝长度	O	cm
40	210	一年生枝粗度	O	cm
41	211	一年生枝颜色	O	1：浅灰　2：浅绿　3：黄绿 4：淡红　5：紫红　6：红褐
42	212	一年生枝条枝刺密度	O	%
43	213	节间长度	O	cm
44	214	萌芽率	O	%
45	215	成枝力	O	3：弱　5：中　7：强
46	216	芽姿态	O	1：贴生　2：斜生　3：离生
47	217	芽颜色	M	1：黄绿　2：红色
48	218	叶片长度	O	cm

（续表）

序号	代号	描述符	描述符性质	单位或代码
49	219	叶片宽度	O	cm
50	220	叶柄长度	O	cm
51	221	叶柄颜色	O	1：黄绿 2：绿色 3：红色 4：深红
52	222	幼叶颜色	M	1：黄绿 2：红色
53	223	成熟叶片颜色	M	1：绿色 2：浓绿
54	224	叶片形状	O	1：椭圆形 2：纺锤形 3：披针形 4：卵状披针形 5：倒卵披针形 6：长柳叶形 7：半月形
55	225	叶尖形状	O	1：钝尖 2：渐尖
56	226	叶基形状	O	1：楔形 2：圆形 3：渐狭
57	227	叶缘	O	1：全缘 2：浅波状
58	228	叶面伸展状态	O	1：平展 2：波浪
59	229	叶片表面蜡质	O	1：少 2：多
60	230	花冠直径	M	cm
61	231	花型	M	1：单瓣 2：复瓣 3：重瓣 4：台阁
62	232	花瓣着色类型	M	1：纯色 2：复色
63	233	花瓣颜色	M	1：白色 2：黄色 3：粉色 4：红色
64	234	花瓣数量	O	枚
65	235	雌蕊发育程度	C	1：发育正常，雌蕊高于雄蕊 2：发育正常，雌雄蕊等高 3：雌蕊退化或败育，雌蕊低于雄蕊
66	236	花药颜色	O	1：淡黄 2：黄色 3：橙黄
67	237	雄蕊数目	O	枚
68	238	花萼颜色	M	1：黄绿 2：橘红 3：红色 4：紫红
69	239	萼片刻裂数目	O	1：<5 裂 2：5~7 裂 3：>7 裂
70	240	果实萼片姿态	M	1：闭合 2：直立 3：开张 4：反卷
71	241	萼筒长度	O	cm

（续表）

序号	代号	描述符	描述符性质	单位或代码
72	242	萼筒宽度	O	cm
73	243	自花结实率	O	%
74	244	自然坐果率	O	%
75	245	果枝百分率	O	%
76	246	短果枝比率	O	%
77	247	中果枝比率	O	%
78	248	早果性	O	3：早 5：中 7：晚
79	249	丰产性	O	3：弱 5：中 7：强
80	250	现蕾期	O	
81	251	始花期	O	
82	252	盛花期	M	
83	253	末花期	O	
84	254	果实成熟期	M	
85	255	展叶期	O	
86	256	落叶期	O	
87	257	果实发育期	M	d
88	301	单果重	M	g
89	302	果面光洁度	O	1：PS-0 2：PS-1 3：PS-2
90	303	裂果率	O	%
91	304	果实横径	M	cm
92	305	果实纵径	M	cm
93	306	果实形状	M	1：扁圆形 2：近圆形 3：圆形
94	307	果棱	O	0：不突出 1：突出
95	308	果实心室数	O	个
96	309	果皮底色	M	1：黄白 2：黄绿
97	310	果皮盖色	M	1：粉红 2：橙红 3：红色 4：深红 5：紫黑
98	311	果皮着色程度	O	1：无 2：少 3：中 4：多
99	312	果皮着色类型	O	1：条状 2：片状 3：晕状

（续表）

序号	代号	描述符	描述符性质	单位或代码
100	313	果皮厚度	M	cm
101	314	果面日灼程度	O	1：SB-0　2：SB-1　3：SB-2 4：SB-3
102	315	籽粒形状	M	1：椭圆形 2：马牙形 3：长圆形
103	316	百粒重	M	g
104	317	籽粒硬度	M	1：极软籽　2：软籽　3：半软籽 4：硬籽
105	318	籽粒颜色	M	1：黄白　2：粉红　3：红色 4：深红　5：紫黑
106	319	针芒	O	0：不明显　1：明显
107	320	可食率	O	%
108	321	出汁率	O	%
109	322	风味	M	1：酸　2：甜酸　3：酸甜 4：甜
110	323	涩味	M	1：不涩　3：微涩　5：涩
111	324	香味	O	1：无或几乎无　3：香　5：浓香
112	325	可溶性固形物含量	M	%
113	326	可溶性糖含量	M	%
114	327	可滴定酸含量	M	%
115	328	V_C 含量	M	mg/100g
116	329	单宁含量	M	mg/kg
117	330	花青素含量	M	mg/kg
118	331	鲜食品质	C/果实鲜食种质	3：下　4：中下　5：中 7：中上　9：上
119	332	贮藏性	O	3：弱　5：中　7：强
120	401	抗寒性	O	1：极强　3：强　5：中　7：弱 9：极弱
121	402	耐旱性	O	1：极强　3：强　5：中　7：弱 9：极弱
122	403	耐涝性	O	1：极强　3：强　5：中　7：弱 9：极弱

（续表）

序号	代号	描述符	描述符性质	单位或代码
123	404	耐盐性	O	1：极强　3：强　5：中　7：弱　9：极弱
124	405	日灼病抗性	O	1：高抗　3：抗　5：中　7：感　9：高感
125	501	干腐病抗性	O	1：高抗　3：抗　5：中　7：感　9：高感
126	502	软腐病抗性	O	1：高抗　3：抗　5：中　7：感　9：高感
127	503	褐斑病抗性	O	1：高抗　3：抗　5：中　7：感　9：高感
128	504	根结线虫抗性	O	1：高抗　3：抗　5：中　7：感　9：高感
129	505	桃蛀螟抗性	O	1：极强　3：强　5：中　7：弱　9：极弱
130	506	蚜虫抗性	O	1：极强　3：强　5：中　7：弱　9：极弱
131	507	橘小实蝇抗性	O	1：极强　3：强　5：中　7：弱　9：极弱
132	601	染色体数	O	条
133	602	指纹图谱与分子标记	O	
134	603	备注	O	

3 石榴种质资源描述规范

3.1 范围

本规范规定了石榴种质资源描述符及其描述标准。

本规范适用于石榴种质资源的收集、保存、整理、鉴定和评价，数据标准和数据质量控制范围的制定，以及数据库和信息共享网络系统的建立。

3.2 规范性引用文件

下列文件中的条款通过本规范的引用而成为本规范的条款。凡是注日期的引用文件，其随后所有的修改单（不包括勘误的内容）或修订版均不适用于本规范，然而，鼓励根据本规范达成协议的各方研究是否可使用这些文件的最新版本。凡是不注日期的引用文件，其最新版本适用于本规范。

ISO 3166　Codes for the Representation of Names of Countries

GB/T 2659　世界各国和地区名称代码

GB/T 2260　中华人民共和国行政区划代码

GB/T 12404　单位隶属关系代码

GB/T 26430　水果和蔬菜　形态学和结构学术语

GB/T 10220　感官分析　方法学　总论

GB/T 35566—2017　植物新品种特异性、一致性、稳定性测试指南　石榴属

LY/T 2135—2018　石榴质量等级

3.3 术语和定义

3.3.1 石榴

千屈菜科（Lythraceae）石榴属（*Punica* L.）多年生木本果树，染色体数目 $2n=16$ 或 18。

3.3.2　石榴种质资源

石榴野生资源、地方品种、育成品种、品系、遗传材料等。

3.3.3　基本信息

石榴种质资源基本情况描述信息，包括全国统一编号、种质名称、学名、原产地、种质类型等。

3.3.4　植物学特征和生物学特性

石榴种质资源的植物学形态、生长结果习性、物候期等特征特性。

3.3.5　品质特性

石榴种质资源的果实品质特性包括外观品质、内在品质和贮藏品质。外观品质主要包括果实大小、形状、果皮颜色、果面光洁度、籽粒大小、形状以及颜色等；内在品质主要包括果实风味、涩味、香味、可溶性固形物含量、可溶性糖含量、可滴定酸含量、V_C 含量、单宁含量以及花青素含量等；贮藏品质主要指贮藏性。

3.3.6　抗逆性

石榴种质资源对各种非生物胁迫的适应或抵抗能力，包括抗寒性、耐旱性、耐涝性、耐盐性及日灼病抗性等。

3.3.7　抗病虫性

石榴种质资源对各种生物胁迫的适应或抵抗能力，包括抗干腐病、软腐病及褐斑病等病害，以及根结线虫病、桃蛀螟、蚜虫和橘小实蝇等虫害。

3.4　基本信息

3.4.1　全国统一编号

石榴种质的唯一标识号，石榴种质资源的全国统一编号，由 P-XXXX 加 4 位顺序号组成的 10 位字符串，如“P-AHHF0001”。

3.4.2　种质圃编号

石榴种质资源保存圃中的编号，由种质资源圃编号加 4 位顺序号组成的 6 位字符串，如“HF0001”。

3.4.3　引种号

石榴种质从国外引入时的编号。

3.4.4　采集号

石榴种质资源在野外采集时的编号。

3.4.5　种质名称

石榴种质资源的中文名称。

3.4.6 种质外文名

国外引进种质的外文名。

3.4.7 科名

千屈菜科（Lythraceae）。

3.4.8 属名

石榴属（*Punica* L.）。

3.4.9 学名

石榴属有 2 个种，索科特拉石榴产于印度洋的索拉克拉岛上，是野生种，无栽培价值，其学名为 *Punica protopunica* Balf.。生产中栽培的种是石榴，其学名为 *Punica granatum* L.。

3.4.10 原产国

石榴种质原产国家、地区或国际组织名称。

3.4.11 原产省

国内石榴种质原产省份名称；国外引进种质原产国家一级行政区的名称。

3.4.12 原产地

石榴种质的原产县、乡、村名称。

3.4.13 海拔

石榴种质原产地的海拔，单位为 m。

3.4.14 经度

石榴种质原产地的经度，单位为度（°）和分（′）。格式为 DDDFF，其中 DDD 为度，FF 为分。

3.4.15 纬度

石榴种质原产地的纬度。单位为度（°）和分（′）。格式为 DDFF，其中 DD 为度，FF 为分。

3.4.16 来源地

国内石榴种质的来源省、县名称；国外引进石榴种质的来源国家、地区名称或国际组织名称。

3.4.17 保存单位

石榴种质的保存单位名称。

3.4.18 保存单位编号

石榴种质在保存单位中的种质编号。

3.4.19 系谱

石榴选育品种（系）的亲缘关系。

3.4.20 选育单位

选育石榴品种（系）的单位名称和/或个人。

3.4.21 育成年份

石榴品种（系）选育成功的年份。

3.4.22 选育方法

石榴品种（系）的育成方法。

3.4.23 种质类型

石榴种质类型分为6类。

1 野生资源
2 地方品种
3 育成品种
4 品系
5 遗传材料
6 其他

3.4.24 种质用途

石榴种质资源主要用途。

1 生产
2 遗传育种
3 多种用途

3.4.25 果实用途

石榴种质资源果实的主要用途。

1 食用
2 药用
3 观赏
4 多种用途

3.4.26 植株用途

石榴植株的主要用途。

1 生产
2 砧木
3 其他

3.4.27 种质收集源

石榴种质在收集时，其收集地的环境状态。

1 野生
2 果园
3 庭院
4 市场
5 资源圃

6 研究机构

7 其他

3.4.28 收集材料类型

石榴种质收集时获取的材料类型。

1 枝条

2 叶片

3 果实或种子

4 花粉

5 根系

6 芽

7 植株

8 DNA

3.4.29 图像

石榴种质的图像文件名。图像格式为 .jpg。

3.4.30 观测地点

石榴种质形态特征和生物学特性观测地点的名称。

3.5 植物学特征和生物学特性

3.5.1 植株生长类型

石榴种质的植株生长类型。

1 灌木

2 小乔木

3.5.2 树姿

成龄石榴树的自然分枝习性，依主枝的开张角度分为 4 种类型（图 1）。

1 直立

2 半开张

3 开张

4 下垂

3.5.3 株（丛）高

植株从地面到树冠顶端的垂直高度。单位为 m。

3.5.4 株（丛）冠幅

植株树冠东西方位和南北方位最大直径。以 m×m 表示。

3.5.5 冠形

成年植株的树冠形状。

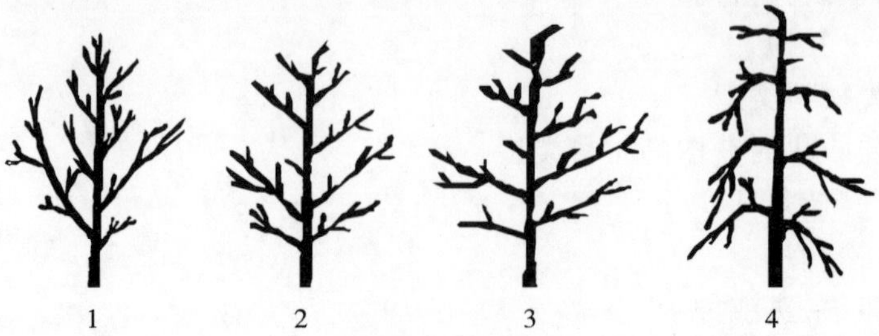

图1 树姿

1 半圆形

2 圆头形

3 倒圆锥形

4 纺锤形

5 扁圆形

3.5.6 主干特征

成年树主干是否有扭曲现象。

0 无扭曲

1 扭曲

3.5.7 主干树皮特征

成年石榴树主干树皮特征。

1 光滑

2 纵裂

3 片状剥落

3.5.8 干周

小乔木植株距离地面20~25cm处主干的周长。单位为cm。

3.5.9 一年生枝长度

一年生枝条从基部到梢部的距离。单位为cm。

3.5.10 一年生枝粗度

一年生枝条基部粗度。单位为cm。

3.5.11 一年生枝颜色

一年生枝条中部阳面的颜色。

1 浅灰

2 浅绿

3 黄绿

4 淡红

5 紫红

6 红褐

3.5.12 一年生枝条枝刺密度

一年生枝条上枝刺数量占芽数的百分比。以%表示，精确到0.1%。

3.5.13 节间长度

一年生枝条相邻两个节之间的距离。单位为cm。

3.5.14 萌芽率

萌发芽数占总芽数的百分率。以%表示。

3.5.15 成枝力

一年生枝抽生出20cm以上枝条的能力。

3 弱

5 中

7 强

3.5.16 芽姿态

叶芽在一年生枝条上的着生状态（图2）。

1 贴生

2 斜生

3 离生

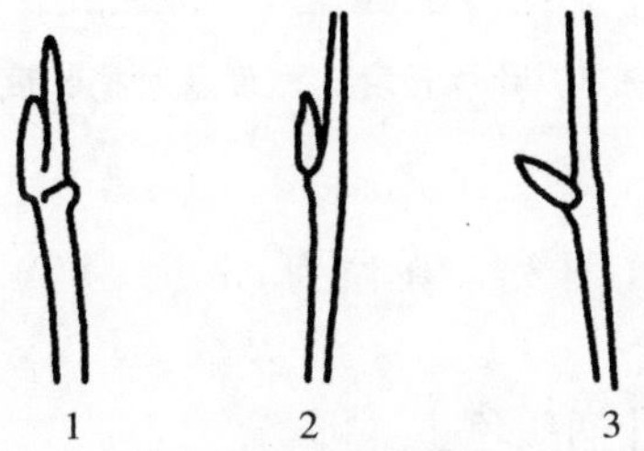

图2 芽姿态

3.5.17 芽颜色

一年生枝中部芽的颜色。

1 黄绿

2 红色

3.5.18 叶片长度

新梢中部成熟叶片的长度（图3）。单位为cm。

3.5.19 叶片宽度

新梢中部成熟叶片最宽处的宽度（图3）。单位为cm。

图 3　叶片长度、宽度及叶柄长度

3.5.20　叶柄长度

由叶柄至叶基的长度（图 3）。单位为 cm。

3.5.21　叶柄颜色

新梢中部成熟叶片的叶柄颜色。

1　黄绿
2　绿色
3　红色
4　深红

3.5.22　幼叶颜色

叶芽萌动后展开的幼嫩叶片颜色。

1　黄绿
2　红色

3.5.23　成熟叶片颜色

新梢中部成熟叶片的颜色。

1　　绿色
2　　浓绿

3.5.24 叶片形状

新梢中部成熟叶片的形状（图 4）。

1　　椭圆形
2　　纺锤形
3　　披针形
4　　卵状披针形
5　　倒卵披针形
6　　长柳叶形
7　　半月形

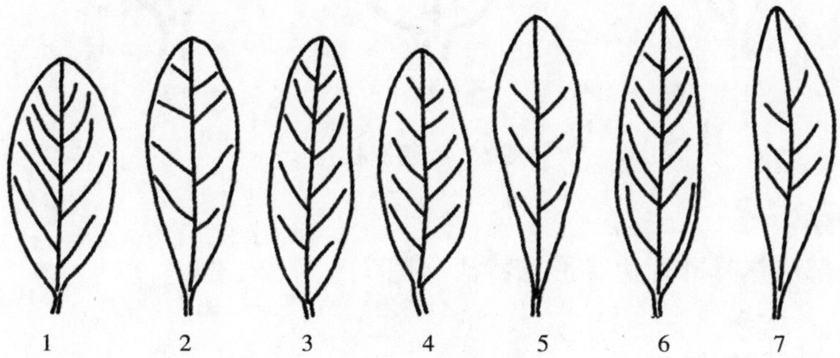

图 4　叶片形状

3.5.25 叶尖形状

新梢中部成熟叶片尖端的形状（图 5）。

1　　钝尖
2　　渐尖

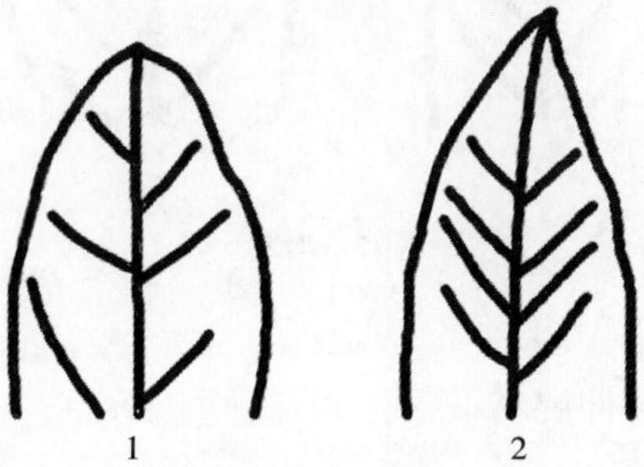

图 5　叶尖形状

3.5.26　叶基形状

新梢中部成熟叶片基部的形状（图6）。

1　　楔形

2　　圆形

3　　渐狭

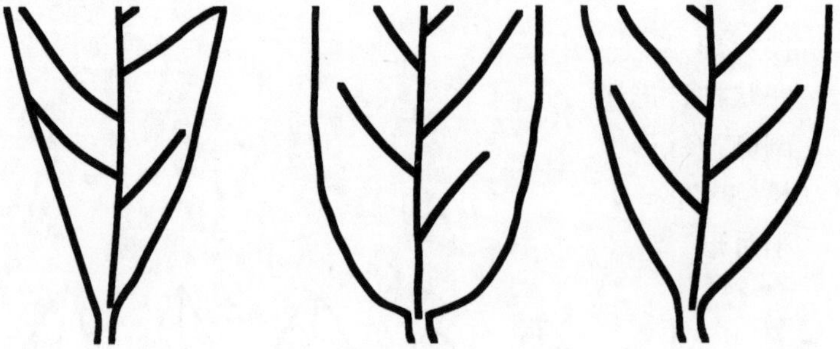

1　　2　　3

图6　叶基形状

3.5.27　叶缘

新梢中部成熟叶叶片边缘形态特征（图7）。

1　　全缘

2　　浅波状

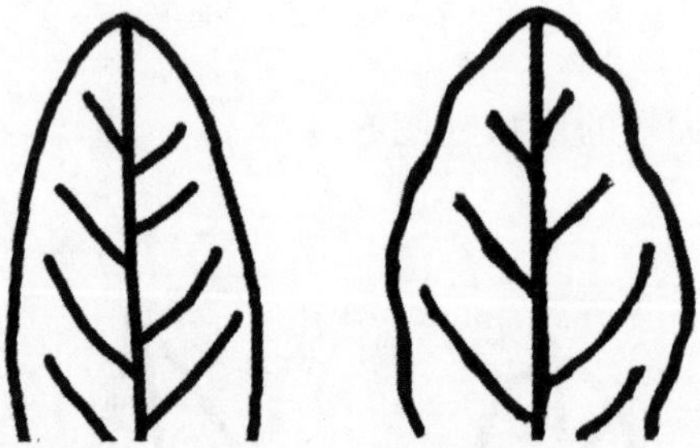

1　　2

图7　叶缘

3.5.28　叶面伸展状态

新梢中部成熟叶片的伸展特征。

1　　平展

2　　波浪

3.5.29 叶片表面蜡质

1 少

2 多

3.5.30 花冠直径

完全盛开的石榴中心花的最大直径。单位为 cm。

3.5.31 花型

完全盛开的石榴花的类型（图 8）。

1 单瓣

2 复瓣

3 重瓣

4 台阁

1 2 3 4

图 8 花型

3.5.32 花瓣着色类型

开放花朵的花瓣着色类型（图 9）。

1 纯色

2 复色

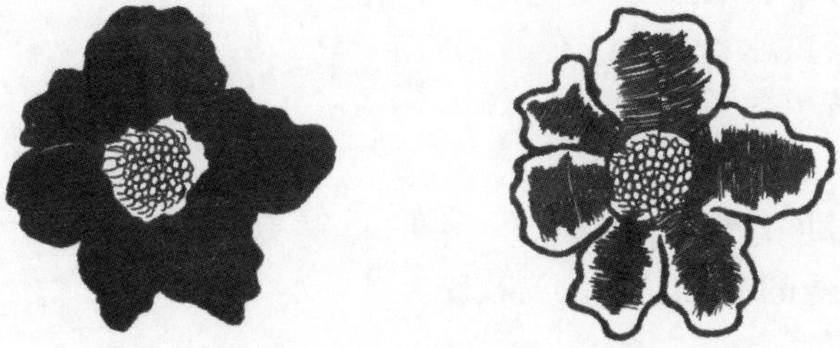

1 2

图 9 花瓣着色类型

3.5.33 花瓣颜色

开放花朵的花瓣颜色。

1　　白色

2　　黄色

3　　粉色

4　　红色

3.5.34　花瓣数量

每朵花中花瓣数量。单位为枚。

3.5.35　雌蕊发育程度

成熟花雌蕊的发育情况（图 10）。

1　　发育正常，雌蕊高于雄蕊

2　　发育正常，雌雄蕊等高

3　　雌蕊退化或败育，雌蕊低于雄蕊

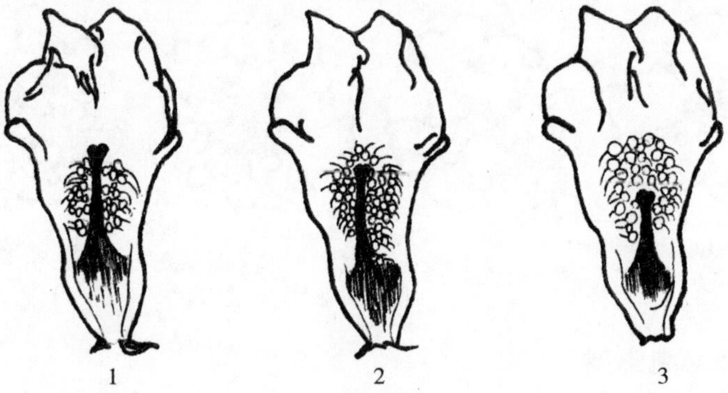

图 10　雌蕊发育程度

3.5.36　花药颜色

成熟花药表面的颜色。

1　　淡黄

2　　黄色

3　　橙黄

3.5.37　雄蕊数目

一朵花中雄蕊的数目。单位为枚。

3.5.38　花萼颜色

花的萼筒颜色。

1　　黄绿

2　　橘红

3　　红色

4 紫红

3.5.39 萼片刻裂数目

花萼或果实萼片的刻裂数目（图 11）。单位为裂。

1 <5 裂

2 5~7 裂

3 >7 裂

图 11 萼片刻裂（6 裂）

3.5.40 果实萼片姿态

成熟果实萼片的姿态（图 12）。

1 闭合

2 直立

3 开张

4 反卷

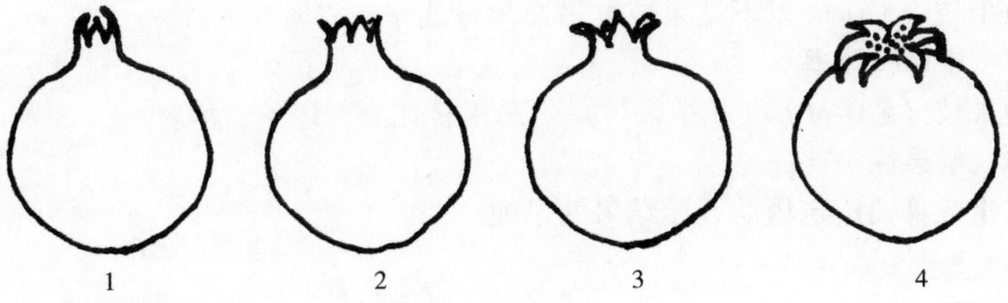

图 12 萼片姿态

3.5.41 萼筒长度

成熟果实的萼筒长（图 13）。单位 cm。

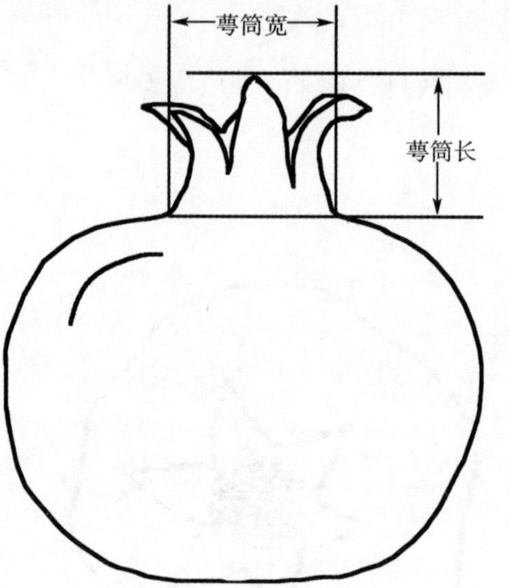

图 13　萼筒长度、宽度

3.5.42　萼筒宽度

成熟果实的萼筒宽（图 13）。单位为 cm。

3.5.43　自花结实率

自花授粉条件下，能坐果的花朵数占发育正常花总数的百分比。以%表示。

3.5.44　自然坐果率

自然状态下，坐果花数占开花总数的百分比。以%表示。

3.5.45　果枝百分率

植株上结果枝数量占总枝量的百分率。以%表示。

3.5.46　短果枝比率

短果枝（5.0cm 以下结果枝）占总果枝比率。以%表示。

3.5.47　中果枝比率

中果枝（5.0~15.0cm 结果枝）占总果枝比率。以%表示。

3.5.48　早果性

实生或扦插苗定植后开始结果的早晚。

3　早

5　中

7　晚

3.5.49　丰产性

植株进入盛果期后结果能力的强弱。

3　弱

5　中

7　强

3.5.50　现蕾期

全树 20%~30%花芽萌动的日期。

3.5.51　始花期

全树 5%花朵开放的日期。

3.5.52　盛花期

全树 25%~75%花朵开放的日期。

3.5.53　末花期

全树 95%花落瓣的日期。

3.5.54　果实成熟期

70%~80%果实成熟的日期。

3.5.55　展叶期

全树 25%左右的叶芽展叶的日期。

3.5.56　落叶期

全树有 70%~80%叶片自然脱落的日期。

3.5.57　果实发育期

盛花期到果实成熟期所经历的时间。单位为 d。

3.6　品质特性

3.6.1　单果重

成熟果实平均单果质量。单位为 g。

3.6.2　果面光洁度

成熟果实果皮的光洁程度。

1　PS-0

2　PS-1

3　PS-2

3.6.3　裂果率

果实成熟期，裂果果实数占果实总数的百分比。以%表示。

3.6.4　果实横径

成熟果实的最大横径（图 14）。单位为 cm。

3.6.5　果实纵径

成熟果实顶端到底部的长度（图 14）。单位为 cm。

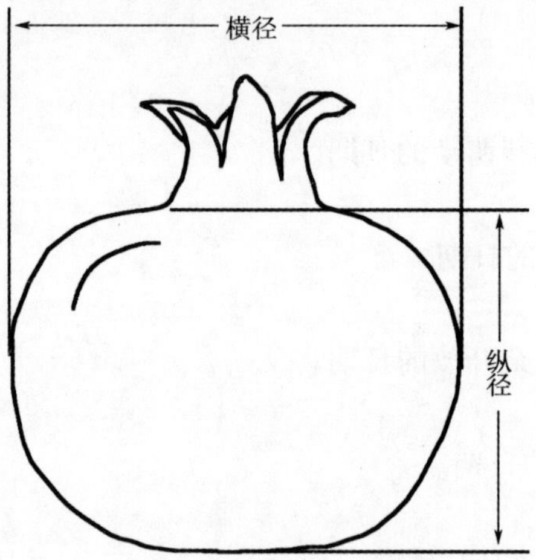

图 14　果实横径、纵径

3.6.6　果实形状

成熟果实所具有的外部形状（图 15）。

1　　扁圆形

2　　近圆形

3　　圆形

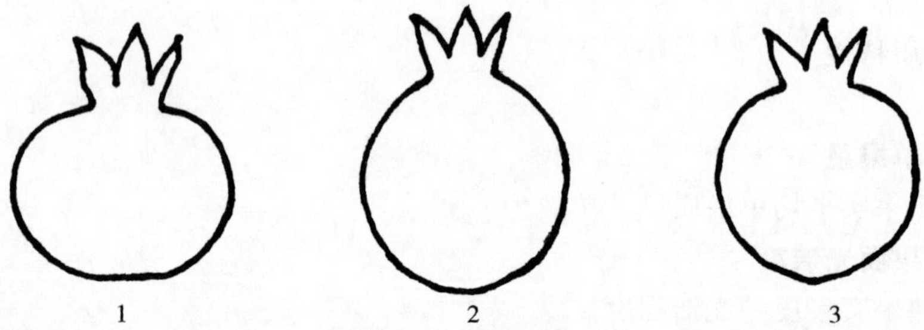

图 15　果实形状

3.6.7　果棱

成熟果实果面上棱状突起的程度（图 16）。

0　　不突出

1　　突出

3.6.8　果实心室数

成熟果实心室数量。单位为个。

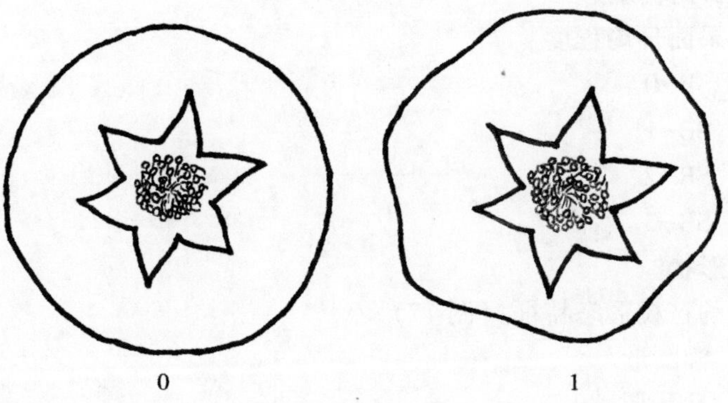

图 16　果棱

3.6.9　果皮底色

成熟果实果皮的底色。对于纯色品种，果皮底色即为果皮颜色。

1　　黄白

2　　黄绿

3.6.10　果皮盖色

非纯色品种成熟果实果皮上覆盖的颜色。

1　　粉红

2　　橙红

3　　红色

4　　深红

5　　紫黑

3.6.11　果皮着色程度

成熟果实果面着色面积的大小。

1　　无

2　　少

3　　中

4　　多

3.6.12　果皮着色类型

成熟果实果面着色的特征。

1　　条状

2　　片状

3　　晕状

3.6.13　果皮厚度

成熟果实胴部果皮的厚度。单位为 mm。

3.6.14 果面日灼程度

成熟果实果面日灼程度。

1 SB-0

2 SB-1

3 SB-2

4 SB-3

3.6.15 籽粒形状

成熟果实的籽粒形态特征（图 17）。

1 椭圆形

2 马牙形

3 长圆形

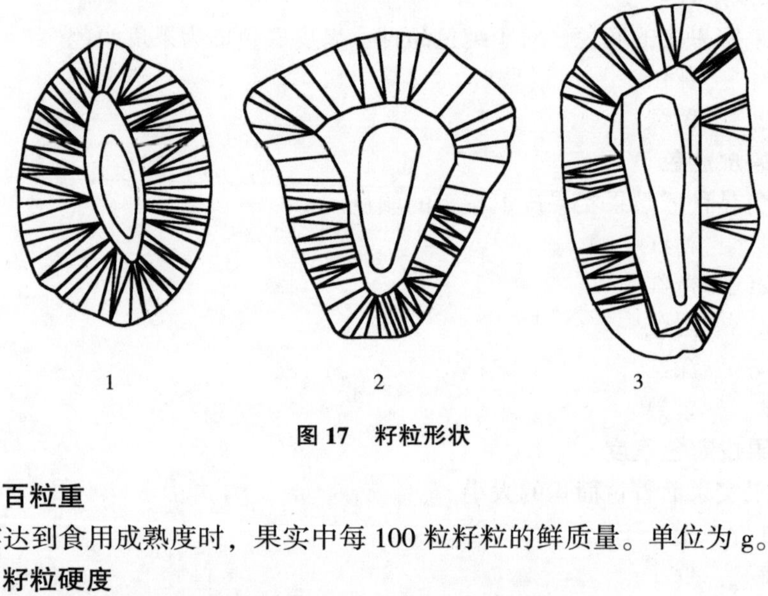

1 2 3

图 17 籽粒形状

3.6.16 百粒重

果实达到食用成熟度时，果实中每 100 粒籽粒的鲜质量。单位为 g。

3.6.17 籽粒硬度

果实达到食用成熟度时籽粒的硬度。单位为 g/cm^2

1 极软籽

3 软籽

5 半软籽

7 硬籽

3.6.18 籽粒颜色

成熟果实中，发育正常的籽粒外种皮颜色。

1 黄白

2　　粉红

3　　红色

4　　深红

5　　紫黑

3.6.19　针芒

石榴籽粒外种皮呈放射状的维管束针芒（图18）。

0　　不明显

1　　明显

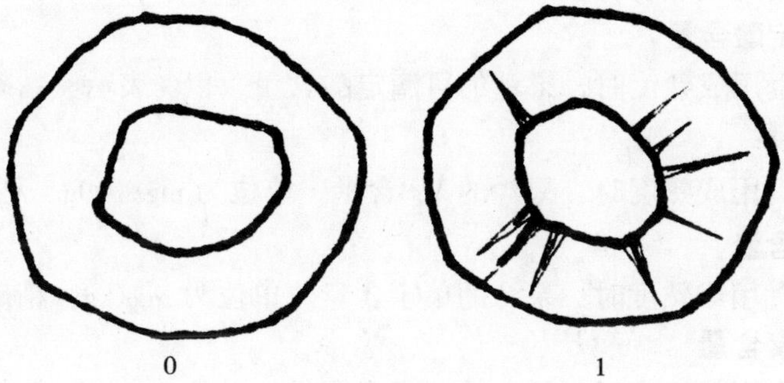

图18　针芒

3.6.20　可食率

果实达到食用成熟度时，籽粒质量占单果重的百分比。以%表示，精确到0.1%。

3.6.21　出汁率

单位质量果实的出汁量。以%表示，精确到0.1%。

3.6.22　风味

果实达到食用成熟度时，籽粒的味道。

1　　酸

2　　甜酸

3　　酸甜

4　　甜

3.6.23　涩味

果实达到食用成熟度时，籽粒的涩味程度。

1　　不涩

3　　微涩

5　　涩

3.6.24 香味

果实达到食用成熟度时，籽粒咀嚼时的香味。

1　无或几乎无

3　香

5　浓香

3.6.25 可溶性固形物含量

果实达到食用成熟度时，果汁的可溶性固形物含量。以%表示，精确到0.1%。

3.6.26 可溶性糖含量

果实达到食用成熟度时，果汁的可溶性糖含量。以%表示，精确到0.1%。

3.6.27 可滴定酸含量

果实达到食用成熟度时，果汁的可滴定酸含量。以%表示，精确到0.1%。

3.6.28 V_C 含量

果实达到食用成熟度时，果汁的 V_C 含量。单位为mg/100g，精确0.1。

3.6.29 单宁含量

果实达到食用成熟度时，果汁的单宁含量。单位为mg/kg，精确到0.1。

3.6.30 花青素含量

果实达到食用成熟度时，果汁的花青素含量。单位为mg/kg，精确到0.1。

3.6.31 鲜食品质

果实品质综合评价。

3　下

4　中下

5　中

6　中上

7　上

3.6.32 贮藏性

果实在一定贮藏条件下和一定贮藏期限内，保持其原有品质和减少消耗的能力和性质。

3　弱

5　中

7　强

3.7 抗逆性

3.7.1 抗寒性

石榴植株在休眠期抵御低温的能力。

1 极强
3 强
5 中
7 弱
9 极弱

3.7.2 耐旱性

石榴植株忍耐干旱的能力。

1 极强
3 强
5 中
7 弱
9 极弱

3.7.3 耐涝性

石榴植株忍耐土壤湿涝的能力。

1 极强
3 强
5 中
7 弱
9 极弱

3.7.4 耐盐性

石榴植株忍耐土壤中高盐分的能力。

1 极强
3 强
5 中
7 弱
9 极弱

3.7.5 日灼病抗性

石榴果皮抵抗日灼的能力。

1 高抗（HR）
3 抗（R）
5 中（M）
7 感（S）
9 高感（HS）

3.8 抗病虫性

3.8.1 干腐病抗性

石榴种质对干腐病（病原为 *Zythia versoniana* Sacc.）的抗性强弱。

1　高抗（HR）

3　抗病（R）

5　中抗（MR）

7　感病（S）

9　高感（HS）

3.8.2 软腐病抗性

石榴种质对软腐病（病原为 *Aspergillus niger*）的抗性强弱。

1　高抗（HR）

3　抗病（R）

5　中抗（MR）

7　感病（S）

9　高感（HS）

3.8.3 褐斑病抗性

石榴种质对褐斑病（病原为 *Pseudocercospora punicae*）的抗性强弱。

1　高抗（HR）

3　抗病（R）

5　中抗（MR）

7　感病（S）

9　高感（HS）

3.8.4 根结线虫抗性

石榴种质对根结线虫（*Meloidogyne* sp.）的抗性强弱。

1　高抗（HR）

3　抗病（R）

5　中抗（MR）

7　感病（S）

9　高感（HS）

3.8.5 桃蛀螟抗性

石榴种质对桃蛀螟（*Conogethes punctiferalis* Guenée）危害的抗性强弱。

1　高抗（HR）

3　抗病（R）

5 中抗（MR）

7 感病（S）

9 高感（HS）

3.8.6 蚜虫抗性

石榴种质对蚜虫（*Aphis gossypii* Glover）危害的抗性强弱。

1 高抗（HR）

3 抗病（R）

5 中抗（MR）

7 感病（S）

9 高感（HS）

3.8.7 橘小实蝇抗性

石榴种质对橘小实蝇［*Parallelia stuposa*（Hendel）］危害的抗性强弱。

1 高抗（HR）

3 抗病（R）

5 中抗（MR）

7 感病（S）

9 高感（HS）

3.9 其他特征特性

3.9.1 染色体数

表示体细胞的染色体数目。

3.9.2 指纹图谱与分子标记

石榴种质指纹图谱和重要性状的分子标记类型及其特征参数。

3.9.3 备注

石榴种质特殊描述符或特殊代码的具体说明。

4 石榴种质资源数据标准

序号	代号	描述符	字段名	字段英文名	字段类型	字段长度	字段小数位	单位	代码	代码英文名	例子
1	101	全国统一编号	全国统一编号	Accession number	C	10					P-AHHF0001
2	102	种质圃编号	种质圃编号	Repository number	C	8					HF0001
3	103	引种号	引种号	Introduction number	C	8					USA04001
4	104	采集号	采集号	Collecting number	C	10					2014AHHY01
5	105	种质名称	种质名称	Accession name	C	30					玛瑙软籽
6	106	种质外文名	种质外文名	Alien name	C	30					Manao Ruanzi
7	107	科名	科名	Family	C	30					Lythraceae（千屈菜科）
8	108	属名	属名	Genus	C	40					*Punica* L.（石榴属）

（续表）

序号	代号	描述符	字段名	字段英文名	字段类型	字段长度	字段小数位	单位	代码	代码英文名	例子
9	109	学名	学名	Species	C	50					*Punica granantum* L.（石榴）
10	110	原产国	原产国	Country of origin	C	32					中国
11	111	原产省	原产省	Province of origin	C	20					安徽
12	112	原产地	原产地	Origin	C	20					怀远
13	113	海拔	海拔	Altitude	N	5	0	m			339
14	114	经度	经度	Longitude	N	6					12348
15	115	纬度	纬度	Latitude	N	5					4182
16	116	来源地	来源地	Sample source	C	20					安徽怀远
17	117	保存单位	保存单位	Donor institute	C	30					安徽省农业科学院
18	118	保存单位编号	保存单位编号	Donor accession number	C	8					AHNKY001
19	119	系谱	系谱	Pedigree	C	50					玛瑙籽/玛瑙软籽
20	120	选育单位	选育单位	Breeding institute	C	30					安徽省农业科学院园艺研究所
21	121	育成年份	育成年份	Releasing year	D	48					2015
22	122	选育方法	选育方法	Breeding method	C	5					芽变选种

（续表）

序号	代号	描述符	字段名	字段英文名	字段类型	字段长度	字段小数位	单位	代码	代码英文名	例子
23	123	种质类型	种质类型	Biological status of accession	C	8			1：野生资源 2：地方品种 3：育成品种 4：品系 5：遗传材料 6：其他	1：Wild 2：Landrace 3：Improved variant 4：Breeding line 5：Genetic stocks 6：Other	地方品种
24	124	种质用途	用途	Usage	C	8			1：生产 2：遗传育种 3：多种用途	1：Production 2：Genetic breeding 3：Multiple	生产
25	125	果实用途	果实用途	Fruit usage	C	12			1：食用 2：药用 3：观赏 4：多种用途	1：Fresh 2：Medicine 3：Ornamental 4：Multiple	鲜食
26	126	植株用途	植株用途	Plants usage	C	10			1：生产 2：砧木 3：其他	1：Production 2：Rootstock 3：Other	生产

（续表）

序号	代号	描述符	字段名	字段英文名	字段类型	字段长度	字段小数位	单位	代码	代码英文名	例子
27	127	种质收集源	收集源	Collecting sources	C	8			1：野生 2：果园 3：庭院 4：市场 5：资源圃 6：研究机构 7：其他	1：Wildness 2：Orchard 3：Yard 4：Market 5：Germplasm resources nursery 6：Academy or college 7：Other	研究机构
28	128	收集材料类型	收集类型	Collected type	C	4			1：枝条 2：叶片 3：果实或种子 4：花粉 5：根系 6：芽 7：植株 8：DNA	1：Scion 2：Leaf 3：Fruit or seed 4：Pollen 5：Root 6：Bud 7：Plant 8：DNA	植株
29	129	图像	图像	Image file name	C	30					P-AHHF0001. jpg
30	130	观测地点	观测地点	Observation location	C	30					安徽怀远
31	201	植株生长类型	植株生长类型	Tree growth type	C	6			1：灌木 2：小乔木	1：Shrub 2：Dungarunga	小乔木
32	202	树姿	树姿	Tree habit	C	6			1：直立 2：半开张 3：开张 4：下垂	1：Upright 2：Semi spreading 3：Spreading 4：Drooping	直立

（续表）

序号	代号	描述符	字段名	字段英文名	字段类型	字段长度	字段小数位	单位	代码	代码英文名	例子
33	203	株（丛）高	株（丛）高	Tree (bush) height	N	3	1	m			2.5
34	204	株（丛）冠幅	株（丛）冠幅	Tree (bush) crown range	N	9	1	m×m			1.3×1.1
35	205	冠形	冠形	Canopy shape	C	8			1：半圆形 2：圆头形 3：倒圆锥形 4：纺锤形 5：扁圆形	1：Semicircle 2：Round head 3：Inverted cone 4：Spindle 5：Oblate	圆头形
36	206	主干特征	主干特征	Trunk characteristics	C	6			0：无扭曲 1：扭曲	0：None distortion 1：Distortion	扭曲
37	207	主干树皮特征	主干树皮特征	Bark characteristics of adult trunk	C	8			1：光滑 2：纵裂 3：片状剥落	1：Smooth 2：Longitudinal crack 3：Flake spalling	纵裂
38	208	干周	干周	The size of trunk circle	N	4	1	cm			38.5
39	209	一年生枝长度	一年生枝长度	Length of one-year-old shoot	N	4	1	cm			35.0
40	210	一年生枝粗度	一年生枝粗度	Diameter of one-year-old shoot	N	3	1	cm			0.4

（续表）

序号	代号	描述符	字段名	字段英文名	字段类型	字段长度	字段小数位	单位	代码	代码英文名	例子
41	211	一年生枝颜色	一年生枝颜色	Color of one-year-old shoot	C	4			1：浅灰 2：浅绿 3：黄绿 4：淡红 5：紫红 6：红褐	1：Light gray 2：Light green 3：Yellow-green 4：Light red 5：Purplish-red 6：Reddish brown	浅灰
42	212	一年生枝条枝刺密度	一年生枝条枝刺密度	Percentage of scolus number for one-year-old shoot	N	4	0	%			30%
43	213	节间长度	节间长度	Internodes length	N	4	1	cm			3.5
44	214	萌芽率	萌芽率	Percentage of bud germination	N	4	1	%			86.2
45	215	成枝力	成枝力	Branching ability	C	2			3：弱 5：中 7：强	3：Week 5：Medium 7：Strong	中
46	216	芽姿态	芽姿态	Position of bud in relation to shoot	C	4			1：贴生 2：斜生 3：离生	1：Adpressed 2：Slightly held out 3：Markedly held out	离生
47	217	芽颜色	芽颜色	Color of bud	C	4			1：黄绿 2：红色	1：Yellow-green 2：Red	黄绿
48	218	叶片长度	叶片长度	Length of leaf blade	N	4	1	cm			15.2

（续表）

序号	代号	描述符	字段名	字段英文名	字段类型	字段长度	字段小数位	单位	代码	代码英文名	例子
49	219	叶片宽度	叶片宽度	Width of leaf blade	N	4	1	cm			3.2
50	220	叶柄长度	叶柄长度	Length of petiole	N	3	1	cm			0.6
51	221	叶柄颜色	叶柄颜色	Color of petiole	C	4			1：黄绿 2：绿色 3：红色 4：深红	1：Yellow-green 2：Green 3：Red 4：Crimson	绿色
52	222	幼叶颜色	幼叶颜色	Color of young leaves	C	4			1：黄绿 2：红色	1：Yellow-green 2：Red	黄绿
53	223	成熟叶片颜色	成熟叶片颜色	Color of mature leaves	C	4			1：绿色 2：浓绿	1：Green 2：Dark green	绿色
54	224	叶片形状	叶片形状	Shape of leaf	C	10			1：椭圆形 2：纺锤形 3：披针形 4：卵状披针形 5：倒卵披针形 6：长柳叶形 7：半月形	1：Ellipse 2：Spindle 3：Lanceolate oval 4：Ovate lanceolate 5：Inverted lanceolate 6：Willow leaf 7：Meniscus	椭圆形
55	225	叶尖形状	叶尖形状	Shape of leaf apex	C	4			1：钝尖 2：渐尖	1：Blunt tine 2：Gradually tine	渐尖

（续表）

序号	代号	描述符	字段名	字段英文名	字段类型	字段长度	字段小数位	单位	代码	代码英文名	例子
56	226	叶基形状	叶基形状	Shape of leaf base	C	4			1：楔形 2：圆形 3：渐狭	1：Cuneate 2：Rotund 3：Attenuate	楔形
57	227	叶缘	叶缘	Leaf margin	C	6			1：全缘 2：浅波状	1：Entire 2：Light wavelike	全缘
58	228	叶面伸展状态	叶面伸展状态	Status of leaf surface	C	2			1：平展 2：波浪	1：Flat 2：Wavy	平展
59	229	叶片表面蜡质	叶片表面蜡质	Leaf cuticular wax	C	2			1：少 2：多	1：Less 2：More	少
60	230	花冠直径	花冠直径	Flower size	N	4	1	cm			4.2
61	231	花型	花型	Type of petal	C	12			1：单瓣 2：复瓣 3：重瓣 4：台阁	1：Single 2：Double 3：Multiple 4：Cabinet minister	单瓣
62	232	花瓣着色类型	花瓣着色类型	Type of petal color	C	4			1：纯色 2：复色	1：Pure color 2：Polychromatic color	纯色
63	233	花瓣颜色	花瓣颜色	Color of petal	C	4			1：白色 2：黄色 3：粉色 4：红色	1：White 2：Yellow 3：Pink 3：Red	红色

（续表）

序号	代号	描述符	字段名	字段英文名	字段类型	字段长度	字段小数位	单位	代码	代码英文名	例子
64	234	花瓣数量	花瓣数量	Petal numbers	N	3	0	枚			6
65	235	雌蕊发育程度	雌蕊发育程度	Status of pistil development	C	27			1：发育正常，雌蕊高于雄蕊 2：发育正常，雌雄蕊等高 3：雌蕊退化或败育，雌蕊低于雄蕊	1：Normal development with higher pistil than stamen 2：Normal development with equal pistil and stamen heighth 3：Pistil degeneration or abortion with lower pistil than stamen	发育正常，雌蕊高于雄蕊
66	236	花药颜色	花药颜色	Color of anther	C	4			1：淡黄 2：黄色 3：橙黄	1：Light yellow 2：Yellow 3：Deep yellow	黄色
67	237	雄蕊数目	雄蕊数目	Number of stamen	N	3	0	枚			25
68	238	花萼颜色	花萼颜色	Color of calyx tube	C	4			1：黄绿 2：橘红 3：红色 4：紫红	1：Yellow-green 2：Orange-red 3：Red 4：Purplish-red	红色
69	239	萼片刻裂数目	萼片刻裂数目	Number of sepals	N	5		片	1：<5 裂 2：5~7 裂 3：>7 裂	1：<5 cleavages 2：5~7 cleavages 3：>7 cleavages	5~7

（续表）

序号	代号	描述符	字段名	字段英文名	字段类型	字段长度	字段小数位	单位	代码	代码英文名	例子
70	240	果实萼片姿态	果实萼片姿态	Attitude of fruit sepals	C	4			1：闭合 2：直立 3：开张 4：反卷	1：Close 2：Upright 3：Open 4：Reverse curl	闭合
71	241	萼筒长度	萼筒长度	Length of hypanthium	C	4	1	cm			6. 1
72	242	萼筒宽度	萼筒宽度	Width of hypanthium	C	4	1	cm			3. 2
73	243	自花结实率	自花结实率	Fruit-bearing ability of self-fertilization	N	4	1	%			45. 5
74	244	自然坐果率	自然坐果率	Natural fruit set percentage	N	4	1	%			34. 5
75	245	果枝百分率	果枝百分率	Percentage of bearing branch	N	4	1	%			89. 6
76	246	短果枝比率	短果枝比率	Percentage of short-bearing branch	N	4	1	%			23. 3
77	247	中果枝比率	中果枝比率	Percentage of middle length fruitbranch	N	4	1	%			50. 7
78	248	早果性	早果性	Precocity of fruit bearing	C	2			3：早 5：中 7：晚	3：Early 5：Medium 7：Late	早

（续表）

序号	代号	描述符	字段名	字段英文名	字段类型	字段长度	字段小数位	单位	代码	代码英文名	例子
79	249	丰产性	丰产性	Yield ability (Prolificacy)	C	4			3：弱 5：中 7：强	3：Week 5：Medium 7：Strong	中
80	250	现蕾期	现蕾期	Date of bloom bud sprouting	D	8					20210302
81	251	始花期	始花期	Date of initial bloom	D	8					20210428
82	252	盛花期	盛花期	Date of full bloom	D	8					20210509
83	253	末花期	末花期	Date of last bloom	D	8					20210605
84	254	果实成熟期	果实成熟期	Date of fruit maturity	D	8					20210922
85	255	展叶期	展叶期	Date of leaf stretchin	D	8					20210314
86	256	落叶期	落叶期	Date of defoliation	D	8					20211108
87	257	果实发育期	果实发育期	Period of fruit deve-lopment	N	3	0	d			135
88	301	单果重	单果重	Weight per fruit	N	4	0	g			265
89	302	果面光洁度	果面光洁度	Smooth and neat de-gree of peel	N	4			1：PS-0 2：PS-1 3：PS-2	1：PS-0 2：PS-1 3：PS-2	PS-0

（续表）

序号	代号	描述符	字段名	字段英文名	字段类型	字段长度	字段小数位	单位	代码	代码英文名	例子
90	303	裂果率	裂果率	Percentage of fruit cracking	N	4	1	%			10.5
91	304	果实横径	果实横径	Fruit latitudinal diameter	N	4	1	cm			13.5
92	305	果实纵径	果实纵径	Fruit longitudinal diameter	N	4	1	cm			12.8
93	306	果实形状	果实形状	Fruit shape	C	6			1：扁圆形 2：近圆形 3：圆形	1：Flat spherical 2：Nearly spherical 3：Spherical	近圆形
94	307	果棱	果棱	Fruit ridge	C	6			0：不突出 1：突出	0：Inapparent 1：Apparent	突出
95	308	果实心室数	果实心室数	Locule number	N	2	0	个			8
96	309	果皮底色	果皮底色	Ground color of peel	C	4			1：黄白 2：黄绿	1：Yellow-white 2：Yellow-green	黄绿
97	310	果皮盖色	果皮盖色	Cover color of peel	C	4			1：粉红 2：橙红 3：红色 4：深红 5：紫黑	1：Pinkish red 2：Orange red 3：Red 4：Deep red 5：Purplish black	粉红

（续表）

序号	代号	描述符	字段名	字段英文名	字段类型	字段长度	字段小数位	单位	代码	代码英文名	例子
98	311	果皮着色程度	果皮着色程度	Relative area of cover color	C	2			1：无 2：少 3：中 4：多	1：No 2：Less 3：Medium 4：More	多
99	312	果皮着色类型	果皮着色类型	Type of cover color	C	4			1：条状 2：片状 3：晕状	1：Striped 2：Flaky 3：Haloed	片状
100	313	果皮厚度	果皮厚度	Pericarp thickness	C	3	1	cm			4.3
101	314	果面日灼程度	果面日灼程度	Sunburn degree of fruit	C	4			1：SB-0 2：SB-1 3：SB-2 4：SB-3	1：SB-0 2：SB-1 3：SB-2 4：SB-3	SB-1
102	315	籽粒形状	籽粒形状	Seed shape	C	6			1：椭圆形 2：马牙形 3：长圆形	1：Elliptical 2：Horse tooth 3：Oblong	马牙形
103	316	百粒重	百粒重	100-seed weight	N	4	1	g			56.2
104	317	籽粒硬度	籽粒硬度	Seed hardness	C	4			1：极软籽 2：软籽 3：半软籽 4：硬籽	1：Extrasoft-seed 2：Soft-seed 3：Semi-soft 4：Hard-seed	硬籽

（续表）

序号	代号	描述符	字段名	字段英文名	字段类型	字段长度	字段小数位	单位	代码	代码英文名	例子
105	318	籽粒颜色	籽粒颜色	Seed color	C	4			1：黄白 2：粉红 3：红色 4：深红 5：紫黑	1：White 2：Pink 3：Red 4：Deep red 5：Purplish black	红
106	319	针芒	针芒	Luster	C	6			0：不明显 1：明显	0：Inapparent 1：Apparent	明显
107	320	可食率	可食率	Edible rate	N	4	1	%			60.9
108	321	出汁率	出汁率	Juice yield	N	4	1	%			51.2
109	322	风味	风味	Flavor	C	4			1：酸 2：甜酸 3：酸甜 4：甜	1：Sour 2：Sweet-sour 3：Sour-sweet 4：Sweet	甜
110	323	涩味	涩味	Astringent	C	4			1：不涩 3：微涩 5：涩	1：Absent 3：Weakly astringent 5：Astringent	微涩
111	324	香味	香味	Aroma	C	4			1：无或几乎无 3：香 5：浓香	1：Absent or mostly absent 3：Aromatic 5：Strong-aromatic	香
112	325	可溶性固形物含量	可溶性固形物含量	Soluble solids content	N	4	1	%			16.5

（续表）

序号	代号	描述符	字段名	字段英文名	字段类型	字段长度	字段小数位	单位	代码	代码英文名	例子
113	326	可溶性糖含量	可溶性糖含量	Soluble sugar content	N	4	1	%			13.3
114	327	可滴定酸含量	可滴定酸含量	Titratable acidity content	N	4	1	%			0.32
115	328	V_C 含量	V_C 含量	Vitamin C content	N	4	1	mg/100g			98.2
116	329	单宁含量	单宁含量	Tannin content	N	5	1	mg/kg			889.3
117	330	花青素含量	花青素含量	Anthocyanin content	N	4	1	mg/kg			15.6
118	331	鲜食品质	鲜食品质	Characteristic of fresh fruit	C	4			3：下 4：中下 5：中 6：中上 7：上	3：Extremely poor 4：Poor 5：General 6：Good 7：Excellent	中上
119	332	贮藏性	贮藏性	Storability of fruits	C	4			3：弱 5：中 7：强	3：Week 5：Medium 7：Strong	中

（续表）

序号	代号	描述符	字段名	字段英文名	字段类型	字段长度	字段小数位	单位	代码	代码英文名	例子
120	401	抗寒性	抗寒性	Chill resistance	C	4			1：极强 3：强 5：中 7：弱 9：极弱	1：Extremely strong 3：Strong 5：General 7：Weak 9：Extremely weak	中
121	402	耐旱性	耐旱性	Drought tolerance	C	4			1：极强 3：强 5：中 7：弱 9：极弱	1：Extremely strong 3：Strong 5：General 7：Weak 9：Extremely weak	强
122	403	耐涝性	耐涝性	Water logging tolerance	C	4			1：极强 3：强 5：中 7：弱 9：极弱	1：Extremely strong 3：Strong 5：General 7：Weak 9：Extremely weak	弱
123	404	耐盐性	耐盐性	Salt-alkaline tolerance	C	4			1：极强 3：强 5：中 7：弱 9：极弱	1：Extremely strong 3：Strong 5：General 7：Weak 9：Extremely weak	强
124	405	日灼病抗性	日灼病抗性	Sunburn resistance	C	4			1：高抗 3：抗 5：中 7：感 9：高感	1：High Resistant 3：Resistant 5：General resistant 7：Susceptive 9：High susceptive	抗

（续表）

序号	代号	描述符	字段名	字段英文名	字段类型	字段长度	字段小数位	单位	代码	代码英文名	例子
125	501	干腐病抗性	干腐病抗性	Resistant to *Zythia versoniana* Sacc.	C	4			1：高抗 3：抗 5：中 7：感 9：高感	1：High resistant 3：Resistant 5：General resistant 7：Susceptive 9：High susceptive	抗
126	502	软腐病抗性	软腐病抗性	Resistant to pomegranate soft rot	C	4			1：高抗 3：抗 5：中 7：感 9：高感	1：High resistant 3：Resistant 5：General resistant 7：Susceptive 9：High susceptive	抗
127	503	褐斑病抗性	褐斑病抗性	Resistant to *Pseudocercospora punicae*	C	4			1：高抗 3：抗 5：中 7：感 9：高感	1：High resistant 3：Resistant 5：General resistant 7：Susceptive 9：High susceptive	抗
128	504	根结线虫抗性	根结线虫抗性	Resistant to *Meloidogyne* sp.	C	4			1：高抗 3：抗 5：中 7：感 9：高感	1：High resistant 3：Resistant 5：General resistant 7：Susceptive 9：High susceptive	抗

（续表）

序号	代号	描述符	字段名	字段英文名	字段类型	字段长度	字段小数位	单位	代码	代码英文名	例子
129	505	桃蛀螟抗性	桃蛀螟抗性	Resistant to *Dichocrocis punctiferalis* Guenée	C	4			1：高抗 3：抗 5：中 7：感 9：高感	1：High resistant 3：Resistant 5：General resistant 7：Susceptive 9：High susceptive	抗
130	506	蚜虫抗性	蚜虫抗性	Resistant to *Aphis gossypii* Glover	C	4			1：高抗 3：抗 5：中 7：感 9：高感	1：High resistant 3：Resistant 5：General resistant 7：Susceptive 9：High susceptive	抗
131	507	橘小实蝇抗性	橘小实蝇抗性	Resistant to *Bactrocera dorsalis* Hendel	C	4			1：高抗 3：抗 5：中 7：感 9：高感	1：High resistant 3：Resistant 5：General resistant 7：Susceptive 9：High susceptive	抗
132	601	染色体数	染色体数	Number of chromosomes	N	3	0	条			$2n=2x=18$
133	602	指纹图谱与分子标记	指纹图谱与分子标记	Finger printing and molecular marker	C	40					
134	603	备注	备注	Remarks	C	30					

5　石榴种质资源数据质量控制规范

5.1　范围

本规范规定了石榴种质资源数据采集过程中的质量控制内容和方法。

本规范适用于石榴种质资源的收集、整理、鉴定、评价和共享。

5.2　规范性引用文件

下列文件中的条款通过本规范的引用而成为本规范的条款。凡是注日期的引用文件，其随后所有的修改单（不包括勘误的内容）或修订版均不适用于本规范，然而，鼓励根据本规范达成协议的各方研究是否可使用这些文件的最新版本。凡是不注日期的引用文件，其最新版本适用于本规范。

ISO 3166 Codes for the Representation of Names of Countries

GB/T 2659 世界各国和地区名称代码

GB/T 2260 中华人民共和国行政区划代码

GB/T 12404 单位隶属关系代码

GB/T 26430 水果和蔬菜　形态学和结构学术语

GB/T 10220 感官分析　方法学　总论

GB/T 35566—2017 植物新品种特异性、一致性、稳定性测试指南　石榴属

GB 5009.86—2016 食品中抗坏血酸的测定

GB 12456—2021 食品安全国家标准　食品中总酸的测定

DB12/T 885—2019 植物提取物中原花青素的测定　紫外/可见分光光度法

NY/T 1600—2008 水果、蔬菜及其制品中单宁含量的测定　分光光度法

NY/T 2637—2014 水果和蔬菜可溶性固形物含量的测定　折射仪法

NY/T 2742—2015 水果及制品可溶性糖的测定　3,5-二硝基水杨酸比色法

LY/T 2135—2018 石榴质量等级

5.3 数据质量控制的基本方法

5.3.1 植物学特征和生物学特性鉴定条件

5.3.1.1 鉴定地点

鉴定地点的环境条件应能够满足石榴植株正常生长及其性状的正常表达。

5.3.1.2 鉴定时间

根据石榴的生长周期（原则上在盛果期）和物候期，结合各鉴定项目的要求，确定最佳的鉴定时间。数量性状鉴定原则上不少于3年。

5.3.1.3 鉴定株树

鉴定株数一般应不少于6株。抗逆性和抗病虫性可根据观测方法而定。

5.3.2 数据采集

形态特征和生物学特性观测试验原始数据的采集应在种质正常生长情况下或稳定结果年龄获得。如遇自然灾害等因素严重影响植株正常生长，应重新进行观测试验和数据采集。

5.3.3 鉴定数据统计分析和校验

每份种质的形态特征、生物学特性和品质特性等观测数据依据对照品种进行校验。根据观测校验值，计算每份种质性状的平均值、变异系数和标准差，并进行方差分析，判断试验结果的稳定性和可靠性。取校验值的平均值作为该种质的性状值。

5.4 基本信息

5.4.1 全国统一编号

全国统一编号是由“P”加4位种质圃名称缩写加4位顺序号组成，如“P-AHHF0001”。其中“P”代表石榴，“AHHF”代表安徽合肥种质资源圃，后4位为顺序号，从“0001”到“9999”，代表具体石榴种质的编号。全国统一编号具有统一性。

5.4.2 种质圃编号

石榴种质资源在种质圃中的编号。由2位资源来源地区的缩写加4位顺序号组成的6位字符串，如“HF0001”。其中“HF”代表资源来源于合肥地区，后4位为顺序号，从“0001”到“9999”，代表具体石榴种质的编号。

5.4.3 引种号

石榴种质资源从国外引入时的编号。由引入国的英文字母缩写加引入年份的4位字符串加3位顺序号组成，如“USA2004001”，前3位字符为引入国的缩写，中间4位表示种质从国外引进年份，后3位为顺序号，从“001”到“999”。每份引进种质具有唯一的引种号。

5.4.4 采集号

石榴种质资源在野外采集时赋予的编号。一般由年份加2位省份代码2位县市代码加2位顺序号组成，如2014AHHY01，代表该资源是2014年安徽省怀远县采集的01号资源。

5.4.5 种质名称

国内种质的原始名称和国外引进种质的中文译名，如有多个名称，可以放在括号内，用逗号分隔，如“种质名称1（种质名称2，种质名称3）”；国外引进种质直接写种质的外文名，如果有中文译名，可以放在括号内，如果有多个中文译名，用逗号分隔，如“外文种质名称1（中文译名2，中文译名3）”。

5.4.6 种质外文名

国外引进种质的外文名和国内种质的汉语拼音名。每个词组的汉语拼音之间空一格，每个词组汉语拼音的首字母大写，如“玛瑙软籽”的拼写为“Manao Ruanzi”。国外引进种质的外文名或词组应注意大小写和空格。

5.4.7 科名

科名由拉丁名加中文名组成，中文名放拉丁名后的小括号内，如“Lythraceae（千屈菜科）”。

5.4.8 属名

属名由拉丁名加中文名组成，中文名放拉丁名后的小括号内，如“*Punica* L.（石榴属）”。

5.4.9 学名

学名由拉丁名加中文名组成，即：种质资源在植物分类学上属名与种名的统称。如“*Punica granantum* L.（石榴）”。如没有中文名，直接填写拉丁名。

5.4.10 原产国

石榴种质资源原产国家名称、地区名称或国际组织名称。国家和地区名称参照ISO 3166和GB/T 2659，如该国疆域变化，应在原国家名称前加“原”，如“原苏丹”。国际组织名称用该组织的外文名缩写，如“IPGRI”。

5.4.11 原产省

国内石榴种质资源原产省份名称。省份名称参照GB/T 2260；国外引进种质原产省用原产国家一级行政区的名称。

5.4.12 原产地

国内石榴种质资源的原产县、乡、村名称。县名参照GB/T 2260。

5.4.13 海拔

石榴种质资源来源地的海拔。单位为m。

5.4.14 经度

石榴种质资源来源地的经度，单位为度（°）和分（′）。格式为 DDDFF，其中 DDD 为度，FF 为分。东经为正值，西经为负值，例如，“12348”代表东经 123°48′，“-10503”代表西经 105°3′。

5.4.15 纬度

石榴种质资源原产地的纬度，单位为度（°）和分（′）。格式 DDFF，其中 DD 为度，FF 为分。北纬为正值，南纬为负值，例如，“4182”代表北纬 41°82′，“-2456′”代表南纬 24°56′。

5.4.16 来源地

国内石榴种质资源来源省、县名称，国外引进种质来源国家、地区名称或国际组织名称。国家、地区和国际组织名称同 5.4.10，省和县名称参照 GB/T 2260。

5.4.17 保存单位

石榴种质资源保存单位名称。单位名称应写全称，如“安徽省农业科学院园艺研究所”。

5.4.18 保存单位编号

石榴种质资源保存单位赋予的种质编号。保存单位编号在同一保存单位应具有唯一性。

5.4.19 系谱

石榴选育品种（系）的亲缘关系。格式为：（C/D）A/B（E/F）。其中：A 为母本，B 为父本；C 为 A 的母本，D 为 A 的父本；E 为 B 的母本，F 为 B 的父本。以此类推。

5.4.20 选育单位

选育石榴品种（系）的单位名称或个人。单位名称应写全称，如“安徽省农业科学院园艺研究所”。

5.4.21 育成年份

石榴品种（系）选育成功的年份。如“2015”。

5.4.22 选种方法

石榴品种（系）的育种方法。如“杂交育种”“芽变选种”“实生选种”等。

5.4.23 种质类型

保存的石榴种质资源的类型，分为：

1　野生资源

2　地方品种

3　育成品种

4 品系
5 遗传材料
6 其他

5.4.24 种质用途

石榴种质资源的主要特性用途。

1 生产
2 遗传育种
3 多种用途

5.4.25 果实用途

石榴种质资源果实的主要用途。

1 食用
2 药用
3 观赏
4 多种用途

5.4.26 植株用途

石榴种质资源植株的主要用途。

1 生产
2 砧木
3 其他

5.4.27 种质收集源

石榴种质资源在收集时，其收集地的环境状态。

1 野生
2 果园
3 庭院
4 市场
5 资源圃
6 研究机构
7 其他

5.4.28 收集材料类型

石榴种质资源收集时其材料的类型。

1 枝条
2 叶片
3 果实或种子
4 花粉
5 根系

6　　芽

7　　植株

8　　DNA

5.4.29　图像

石榴种质资源的图像文件名。图像格式为.JPG。图像文件名由统一编号加“-”加序号加“.JPG”组成。如有两个以上图像文件，图像文件名用分号分隔，如“P-AHHF0001-1.JPG；P-AHHF0001-2.JPG”。图像对象主要包括植株、花、果实、特异性状等。图像要清晰，对象要突出。

5.4.30　观测地点

石榴种质资源形态特征和生物学特性的观测地点，记录到省和县名，如“安徽省怀远县”。

5.5　植物学特征和生物学特性

5.5.1　植株生长类型

树干分支点低，主干不明显，呈丛生状的定为灌木；树干有明显主干，且分枝位置较高的定为小乔木。

1　　灌木（参照品种：月季石榴）

2　　小乔木（参照品种：青皮甜）

5.5.2　树姿

在休眠期选择生长发育正常的植株，用量角器测量主枝的开张角度并记录，单位为度（°）。依据开张角度，确定种质的树姿。

1　　直立（开张角度<40°；参照品种：青皮甜）

2　　半开张（开张角度为40°~60°；参照品种：玛瑙籽）

3　　开张（开张角度为60°~90°；参照品种：白玉石籽）

4　　下垂（开张角度>90°；参照品种：突尼斯软籽）

5.5.3　株（丛）高

测量植株（灌木或乔木）从地面到树冠顶端的高度。单位为m，精确到0.1m。

5.5.4　株（丛）冠幅

测量植株（灌木或乔木）树冠东西方位最宽处直径及南北方位最宽处的直径。单位为m，精确到0.1m，格式为m×m。

5.5.5　冠形

在生长期目测生长发育正常植株的树冠形状。

根据观察结果，确定石榴种质资源的冠形。

1　半圆形
2　圆头形
3　倒圆锥形
4　纺锤形
5　扁圆形

5.5.6　主干特征

在休眠期，目测成龄石榴树主干是否有扭曲情况。

根据观察结果，确定种质主干特征。

0　无扭曲
1　扭曲

5.5.7　主干树皮特征

在休眠期，目测成龄树主干树皮是否有裂纹及裂纹的情况。

根据观察结果，参照下列说明，确定种质主干树皮特征。

1　光滑（主干树皮平滑，无或几乎无裂纹）
2　纵裂（主干树皮呈纵向裂开）
3　片状剥落（主干树皮裂纹横纵交错，剥落呈片状）

5.5.8　干周

在休眠期，选取3株树龄相同的树，用软尺测量距离地面20~25cm处圆滑主干的周长，取平均值。单位为cm，精确到0.1cm。应注明树龄。

5.5.9　一年生枝长度

在休眠期，随机选取树冠外围一年生枝10条，测量基部到梢部的距离，以平均值表示。单位为cm，精确到0.1cm。

5.5.10　一年生枝粗度

在休眠期，随机选取树冠外围一年生枝10条，用卡尺测量基部向上2cm处的直径，以平均值表示。单位为cm，精确到0.1cm。

5.5.11　一年生枝颜色

在休眠期，目测一年生延长枝向阳面主色。

根据观察结果，与标准比色卡上相应代码的颜色进行比较确定。

1　浅灰
2　浅绿
3　黄绿
4　淡红
5　紫红
6　红褐

5.5.12 一年生枝条枝刺密度

在休眠期，选择树冠外围不同部位发育充实的一年生枝 10 条，统计同一枝条上的枝刺数量和叶芽数量，计算枝刺数量占叶芽数量和枝刺数量总和的百分比。以%表示，精确到 0.1%，以平均值表示。

5.5.13 节间长度

选择树冠外围发育充实、长势中庸的一年生枝 10 条，计数长度大于 0.5cm 的明显节数，并测量相对应的节间总长度，计算节间平均长度。单位为 cm，精确到 0.1cm，以平均值表示。

5.5.14 萌芽率

随机选取树冠外围 20 条一年生枝条进行短剪，第二年萌芽后至落叶前，分别调查并记录每条枝的总芽数和萌芽数，计算萌芽数占总芽数的百分比。以%表示，精确到 0.1%。

5.5.15 成枝力

选取树冠外围一年生枝 20 条，短截后，第二年统计剪口发出的 20cm 以上长枝的数量，以平均值表示。

3　弱（参照品种：红玉石籽）

5　中（参照品种：晶花玉石籽）

7　强（参照品种：突尼斯软籽）

5.5.16 芽姿态

休眠期，选择树冠外围 5 条发育充实、长势中庸的一年生枝条，测量枝条中部 3 个叶芽在枝条上的着生角度，求平均值。

根据着生角度，参照叶芽姿态模式图及下列说明，确定叶芽姿态。

1　贴生（着生角度<15°）

2　斜生（15°≤着生角度<45°）

3　离生（着生角度≥45°）

5.5.17 芽颜色

休眠期，选取树冠外围一年生枝 20 条，目测芽颜色。

根据观察结果，与标准比色卡上相应代码的颜色进行比较以及比较参照品种，确定种质的芽颜色。

1　黄绿（参照品种：白玉石籽）

2　红色（参照品种：红玉石籽）

5.5.18 叶片长度

在新梢停止生长期，选择树冠外围新梢中部成熟叶片 30 片，测量从叶基到叶尖的长度，结果以平均值表示。单位为 cm，精确到 0.1cm。

5.5.19 叶片宽度

以5.5.18采集的材料为样本，测量叶片最宽处的宽度，结果以平均值表示。单位为cm，精确到0.1cm。

5.5.20 叶柄长度

以5.5.18采集的材料为样本，测量叶片的叶柄长度，结果以平均值表示。单位为cm，精确到0.1cm。

5.5.21 叶柄颜色

以5.5.18采集的材料为样本，目测叶柄颜色。

根据观察结果，确定石榴种质资源的叶柄颜色。

1 黄绿
2 绿色
3 红色
4 深红

5.5.22 幼叶颜色

在新梢旺盛生长期，目测刚伸展幼叶的表面颜色。

根据观察结果，与参照品种比对，确定种质的幼叶颜色。

1 黄绿（参照品种：白玉石籽）
2 红色（参照品种：红玉石籽）

5.5.23 成熟叶片颜色

以5.5.18采集的材料为样本，采用目测法观察叶片表面的颜色。

根据观察结果，与对照品种比对，确定种质成熟叶片的颜色。

1 绿色（参照品种：白玉石籽）
2 浓绿（参照品种：红玉石籽）

5.5.24 叶片形状

以5.5.18采集的材料为样本，采用目测法观察叶片的形状。

根据观察结果，参照叶形模式图，确定叶片的形状。

1 椭圆形
2 纺锤形
3 披针形
4 卵状披针形
5 倒卵披针形
6 长柳叶形
7 半月形

5.5.25 叶尖形状

以5.5.18采集的材料为样本，采用目测法观察叶片尖端的形状。

根据观察结果，参照叶尖模式图，确定叶尖的形状。

1 钝尖

2 渐尖

5.5.26 叶基形状

以5.5.18采集的材料为样本，采用目测法观察叶片基部的形状。

根据观察结果，参照叶基模式图，确定种质的叶基形状。

1 楔形

2 圆形

3 渐狭

5.5.27 叶缘

以5.5.18采集的材料为样本，目测叶缘形态特征。

根据观察结果，参照叶缘模式图，确定种质的叶缘形态。

1 全缘

2 浅波状

5.5.28 叶面伸展状态

以5.5.18采集的材料为样本，目测叶片伸展后的特征。

1 平展

2 波浪

5.5.29 叶片表面蜡质

以5.5.18采集的材料为样本，目测叶片表面光泽度，与参照品种对比，判断叶片表面蜡质多少。

1 少（参照品种：红玉石籽）

2 多（参照品种：白玉石籽）

5.5.30 花冠直径

在盛花期，选取树冠外围完全开放的10朵中心花，用卡尺测量花朵的最大直径。以平均值表示，单位为cm，精确到0.1cm。

5.5.31 花型

以5.5.30采集的材料为样本，观察其花瓣数量和雄蕊瓣花情况。与参照品种或参照花型模式图比对，确定种质资源的花的类型。

1 单瓣（花瓣1轮，数量为5~8枚；参照品种：红花玉石籽）

2 复瓣（花瓣2~7轮，数量为35枚左右；参照品种：复瓣月季石榴）

3 重瓣（花瓣7轮以上，数量为50枚以上，雄蕊瓣化程度高；参照品种：重瓣红石榴）

4 台阁（花瓣7轮以上，数量为50枚以上，雄蕊瓣化、萼化程度高；参照品种：千层花）

5.5.32　花瓣着色类型

以5.5.30采集的材料为样本，目测其花瓣的着色情况。

根据观察结果，参照模式图，确定种质的花瓣着色类型。

1　纯色
2　复色

5.5.33　花瓣颜色

以5.5.30采集的材料为样本，目测花瓣颜色。

根据观察结果，与标准比色卡进行比较，并根据参照品种，确定种质的花瓣颜色。

1　白色（参照品种：白玉石籽）
2　黄色（参照品种：黄花石榴）
3　粉色（参照品种：粉花月季）
4　红色（参照品种：红玉石籽）

上述没有列出的其他花瓣颜色，可以另外给予详细的描述和说明。

5.5.34　花瓣数量

以5.5.30采集的材料为样本，计数每朵花中花瓣数量，以平均值表示。单位为枚。

5.5.35　雌蕊发育程度

以5.5.30采集的材料为样本，观察雌蕊的发育程度，参照模式图，进行比较确定种质的雌蕊发育程度。若有2种或2种以上的情况时，分别记录，代码之间用逗号隔开。数量多者写在前面。

1　正常发育，雌蕊高于雄蕊
2　正常发育，雌雄蕊等高
3　雌蕊退化或败育，雌蕊低于雄蕊

5.5.36　花药颜色

以5.5.30采集的材料为样本，采用目测法观察花药的颜色。

1　淡黄
2　黄色
3　橙黄

5.5.37　雄蕊数目

取刚刚开放、花药尚未开裂的花10朵，计数每朵花中雄蕊数目，以平均值表示。单位为枚。

5.5.38　花萼颜色

以5.5.30采集的材料为样本，目测其花萼颜色。

根据观察结果，与对照品种比对，确定种质资源的花萼颜色。

1　　黄绿（参照品种：白玉石籽）

2　　橘红（参照品种：玛瑙软籽）

3　　红色（参照品种：天使红、以色列酸）

4　　紫红（参照品种：墨石榴）

上述没有列出的其他花萼颜色，可以另外给予详细的描述和说明。

5.5.39　萼片刻裂数目

取完全开放的花10朵，统计每朵花的花萼刻裂数目，或取果实10个，统计每个果子的果萼刻裂数目，取平均值，四舍五入，以整数表示。萼片刻裂参考模式图。

5.5.40　果实萼片姿态

随机选取10个成熟果实，目测其萼片状态。当存在2种或2种以上的姿态时，分别记录，用逗号隔开。主要类型写在前面。

1　　闭合

2　　直立

3　　开张

4　　反卷

5.5.41　萼筒长度

随机选取10个成熟果实，用卡尺测量萼筒长。以平均值表示，单位为cm，精确到0.1cm。萼筒长度的测量部位参考模式图。

5.5.42　萼筒宽度

随机选取10个成熟果实，用卡尺测量萼筒宽度。以平均值表示，单位为cm，精确到0.1cm。萼筒宽度的测量部位参考模式图。

5.5.43　自花结实率

选50个花序，每个花序内留一个发育正常、未开放的花进行套袋，4周后调查结果数量，计算自花授粉结果数占套袋花总数的比率。以%表示，精确到0.1%。

5.5.44　自然坐果率

盛花期，标记50个发育正常的花，盛花后4周调查其坐果数。自然坐果率用坐果的花数占标记花总数的比率表示。以%表示，精确到0.1%。

5.5.45　果枝百分率

选6株盛果期植株，修剪前每株选1个主枝，统计结果枝数量占枝条总量的百分数。取平均值，以%表示，精确到0.1%。

5.5.46　短果枝比率

选6株盛果期植株，修剪前每株选1个主枝，统计短果枝（5.0cm以下）数量占结果枝总数的比率。取平均值，以%表示，精确到0.1%。

5.5.47 中果枝比率

选6株盛果期植株，修剪前每株选1个主枝，计算中果枝（5.0~15.0cm）数量占结果枝总数的比率。取平均值，以%表示，精确到0.1%。

5.5.48 早果性

实生或扦插苗定植后经历一个完整的生长期，从定植到开花结果之间所经历的年数为始果年龄。根据始果年龄及下列说明，确定种质的早果性。

3 早（始果年龄1~2年）

5 中（始果年龄3~4年）

7 晚（始果年龄>4年）

5.5.49 丰产性

选3株盛果期植株，于果实采收期调查每平方米树冠投影面积的产量，计算方法为：单株产量/树冠投影面积。取平均值，单位为kg/m^2。

根据每平方米树冠投影的产量及下列说明，确定种质的丰产性。

3 低产（$<4kg/m^2$）

5 中产（$4\sim10kg/m^2$）

7 高产（$>10kg/m^2$）

5.5.50 现蕾期

采用目测方法观察现蕾期，现蕾的标志是花芽膨大、鳞片开裂。

观察记录20%~30%花芽萌动的日期。格式为“YYYYMMDD”。

5.5.51 始花期

观察记录5%花朵开放的日期。格式为“YYYYMMDD”。

5.5.52 盛花期

观察记录25%~75%花朵开放的日期。格式为“YYYYMMDD”。

5.5.53 末花期

观察记录95%花瓣凋落的日期。格式为“YYYYMMDD”。

5.5.54 果实成熟期

70%~80%的果实糖、酸、涩等风味达到该种质固有特征，着色种质的果实充分着色的日期。格式为“YYYYMMDD”。

5.5.55 展叶期

观察记录25%左右的叶芽展开的日期。格式为“YYYYMMDD”。

5.5.56 落叶期

观察记录70%~80%的叶片自然脱落的日期。格式为“YYYYMMDD”。

5.5.57 果实发育期

记录盛花期和果实成熟期的具体日期，计算二者之间所经历的时间，即为果实发育期。单位为d。

5.6 品质特性

5.6.1 单果重

随机选取10个成熟果实，用天平称其质量。以平均值表示，单位为g，精确到0.1g。

5.6.2 果面光洁度

以5.6.1中采集的果实为观测对象，目测结合手触摸果实表面，判定果面光洁程度。果面光洁度主要包括果面干净、光滑，无锈斑、无污点、无裂口、果皮光亮细腻。

1　PS-1（果面干净光滑无锈斑、无污点、无裂口、果皮光亮细腻）

2　PS-2［果面有轻微锈斑（垢斑不超过5个，总面积不超过果面的1/10）、有轻微磨伤（2处，总面积不超过1cm^2）、无裂口、无刺伤划伤］

3　PS-3［果面有轻微锈斑（总面积不超过果面的1/6）、有轻微磨伤（2处，总面积不超过2cm^2）、无裂口、有轻微刺伤或划伤（1处，总面积不超过1cm^2）、有轻微碰伤（1处，总面积不超过0.5cm^2，不变褐）］

5.6.3 裂果率

在果实成熟期，进行总裂果率的调查。随机选取10株结果树，统计每株的果实总数和总裂果数，将10株的总和记为该重复的统计值。总裂果率（%）=（裂果总数/果实总数）×100。精确到0.1%。

5.6.4 果实横径

以5.6.1中采集的果实为对象，用卡尺测量果实最大横径。以平均值表示，单位为cm，精确到0.1cm。果实横径测量部位参照模式图。

5.6.5 果实纵径

以5.6.1中采集的果实为对象，用卡尺测量果实最大纵径。以平均值表示，单位为cm，精确到0.1cm。果实纵径测量部位参照模式图。

5.6.6 果实形状

以5.6.1中采集的果实为对象，根据果形指数（纵径与横径的比值）和参考模式图确定果实形状。

1　扁圆形（果形指数≤0.7）

2　近圆形（果形指数为0.7~1.0或>1.0）

3　圆形（果形指数约等于1）

5.6.7 果棱

以5.6.1中采集的果实为对象，通过目测法观察，并结合参考图片确定果棱是否突出。

0　不突出

1　突出

5.6.8　果实心室数

以5.6.1中采集的果实为对象，果实切开后，通过目测，观察心室数量并记录。当存在2种或2种以上的心室数目时，分别记录，数据之间用逗号隔开。

5.6.9　果皮底色

以5.6.1中采集的果实为对象，通过目测法，通过与标准比色卡的颜色进行对比，或与参照品种比对，确定种质的果皮底色。

1　黄白（参照品种：白玉石籽、冰糖籽）

2　黄绿（参照品种：大青皮甜、秋艳）

上述没有列出的其他底色，需要另外给予详细的描述和说明。

5.6.10　果皮盖色

以5.6.1中采集的果实为对象，通过目测法，与标准比色卡的颜色进行对比，或对比参照品种，确定种质的果皮盖色。

1　粉红（参照品种：妃红）

2　橙红（参照品种：玛瑙软籽）

3　红色（参照品种：泰山红）

4　深红（参照品种：大红袍）

5　紫黑（参照品种：墨石榴）

5.6.11　果皮着色程度

以5.6.1中采集的果实为对象，通过目测法，观察果实着色面积占果实表面积的比值，确定果皮着色程度。

1　无（着色面积占比为0）

2　少（着色面积占比0~1/4）

3　中（着色面积占比1/4~3/4）

4　多（着色面积占比≥3/4）

5.6.12　果皮着色类型

以5.6.1中采集的果实为对象，通过目测法，确认果皮的着色类型。

1　条状

2　片状

3　晕状

5.6.13　果皮厚度

以5.6.1中采集的果实为对象，用游标卡尺测量果实胴部果皮的厚度。取平均值，单位为mm。

5.6.14 果面日灼程度

以5.6.1中采集的果实为对象，通过目测法，观察日灼果实的果面特征及日灼面积占果面的比值。

1　SB-0（无日灼）

2　SB-1（果面出现轻微日灼症状，日灼部分出现暗红斑点，且面积不到果面的1/5）

3　SB-2（果面褐色斑点明显，日灼面积占果面的1/5~1/4）

4　SB-3（果面呈现黑褐色斑点，且开始出现坏死，日灼面积占果面的1/4及以上）

5.6.15 籽粒形状

以5.6.1中采集的果实为对象，剥开果实，通过目测法观察发育正常的籽粒形态，参照模式图确定籽粒形状。

1　椭圆形

2　马牙形

3　长圆形

5.6.16 百粒重

以5.6.1中采集的果实为对象，每个果实内随机选择100粒新鲜的籽粒，用天平称量其鲜质量。用平均值表示，单位为g，精确到0.1g。

5.6.17 籽粒硬度

以5.6.1采集的材料为样本，剥取籽粒，用质构仪测定籽粒硬度。籽粒硬度小于2.20kg/cm^{2}的为极软籽种质，籽粒硬度为2.20~4.50kg/cm^{2}的为软籽种质，籽粒硬度为4.50~7.50kg/cm^{2}的为软籽种质，籽粒硬度大于7.50kg/cm^{2}的为硬籽种质。

1　极软籽（籽粒硬度<2.20 kg/cm^2）

2　软籽（籽粒硬度为2.20~4.50 kg/cm^2）

3　半软籽（籽粒硬度为4.50~7.50 kg/cm^2）

4　硬籽（籽粒硬度>7.50 kg/cm^2）

5.6.18 籽粒颜色

以5.6.1采集的材料为样本，用目测法，与标准色卡的颜色进行对比，或与参照品种比对，确定种质的籽粒颜色。

1　黄白（参照品种：白玉石籽）

2　粉红（参照品种：妃红）

3　红色（参照品种：珍珠红）

4　深红（参照品种：大笨籽）

5　紫黑（参照品种：黑珍珠）

5.6.19　针芒

针芒是石榴籽粒肉质部分的呈放射状分布的维管束。通过目测法，并参照模式图确定其针芒是否明显。

0　不明显

1　明显

5.6.20　可食率

以5.6.1采集的材料为样本，剥取籽粒并称其质量。可食率为籽粒质量占果实质量的比率。以%表示，精确到0.1%。

5.6.21　出汁率

在果实加工期，取50kg果实，按照制汁加工程序，称量果汁质量，计算出汁率。以%表示，精确到0.1%。

5.6.22　风味

以5.6.16采集的材料为样本，剥取籽粒品尝，并与参照品种的风味进行对比，确定种质的风味。

1　酸（参照品种：酸石榴）

2　甜酸（参照品种：紫美）

3　酸甜（参照品种：红玉石籽）

4　甜（参照品种：淮北软籽1号）

5.6.23　涩味

以5.6.16采集的材料为样本，剥取籽粒品尝，并与参照品种的涩味进行对比，确定种质的涩味。

1　不涩（参照品种：突尼斯软籽）

3　微涩（参照品种：红玉石籽）

5　涩（参照品种：大笨籽）

5.6.24　香味

以5.6.16采集的材料为样本，剥取籽粒，品尝咀嚼籽粒时的香味，并与参照品种的籽粒香味进行对比，确定种质的香味。

1　无或几乎无（参照品种：白玉石籽）

3　香（参照品种：玛瑙籽）

5　浓香（参照品种：酥籽）

5.6.25　可溶性固形物含量

以5.6.16采集的材料为样本，测定每个果实的可溶性固形物含量，取平均值。以%表示，精确0.1%。

测定方法参照NY/T 2637—2014。

5.6.26　可溶性糖含量

以5.6.16采集的材料为样本，测定每个果实的可溶性糖含量，取平均值。以%表示，精确0.1%。

测定方法参照NY/T 2742—2015。

5.6.27　可滴定酸含量

以5.6.16采集的材料为样本，测定每个果实的可滴定酸含量，取平均值。以%表示，精确0.1%。

测定方法参照GB 12456—2021。

5.6.28　V_C含量

以5.6.16采集的材料为样本，测定每个果实的V_C含量，取平均值。单位为mg/100g，精确到0.1。

测定方法参照GB 5009.86—2016。

5.6.29　单宁含量

以5.6.16采集的材料为样本，测定每个果实的单宁含量，取平均值。单位为mg/kg，精确到0.1。

测定方法参照NY/T 1600—2008。

5.6.30　花青素含量

以5.6.16采集的材料为样本，测定每个果实的花青素含量，取平均值。单位为mg/kg，精确到0.1。

测定方法参照DB22/T 2529—2016。

5.6.31　鲜食品质

根据5.5.1~5.5.57中果实的品质性状和5.6.1~5.6.30中果实的外观、内在品质等综合性状，用综合评定的方法对成熟果实的品质进行综合评价。

3　下

4　中下

5　中

6　中上

7　上

5.6.32　贮藏性

成熟期，采摘无病虫害、无机械损伤的果实100个，放置在室温、相对湿度为70%左右的环境中，采用感官评价方法，对其外观和风味品质进行检测，记录能够保持上述指标基本不变的最长时间（d）。根据参照品种确定种质的贮藏性。

3　弱（参照品种：白玉石籽、突尼斯软籽）

5　中（参照品种：妃红、晶花玉石籽）

7　强（参照品种：大笨籽、秋艳）

5.7 抗逆性

5.7.1 抗寒性

萌芽前选取生长健壮、无病虫害的石榴一年生枝条 20 条，用湿纱布包好，并快速带回实验室。将枝条先用自来水冲洗干净，再用蒸馏水冲洗后用吸水纸吸干枝条上的水分，剪成 10~15cm 的枝段，分成 7 组，捆绑并用湿报纸、保鲜膜包裹，然后放入超低温冰箱。采用梯度降温法分组进行冷冻处理，降温和升温速度均为 4℃/h，温度梯度为 0、-4、-8、-12、-16、-20℃，室温（10℃）设为对照（CK），当达到所需冷冻温度，使其维持 24 h 后取出开始回温，至室温时进行指标测定。

电导率用电导率仪测定。根据朱根海等（1986）半致死温度计算方法，结合 Logistic 方程，计算出石榴的半致死温度（LT_{50}）。脯氨酸（Pro）含量用酸性茚三酮法测定；丙二醛（MDA）含量用硫代巴比妥酸法测定。采用隶属函数法及方差分析综合评价石榴种质的抗寒性（李铁冰，2009）。根据平均隶属度将抗寒性分为 5 级。

1　极强（平均隶属度：0.70~1.00）
3　强（平均隶属度：0.60~0.69）
5　中（平均隶属度：0.40~0.59）
7　弱（平均隶属度：0.30~0.39）
9　极弱（平均隶属度：0~0.29）

5.7.2 耐旱性

石榴植株忍耐干旱的能力。

以 100~200 株生长健壮、长势一致的一年生扦插苗为试材，避雨条件下定植在果园中。待幼苗长到 80cm 左右时，人为断水，断水 60d（根据高温情况，可适当减少断水天数）后调查旱害情况，以正常浇水的植株为对照。根据叶片受害程度与数量将耐旱性分为 5 级。

1　极强（叶片与对照无明显差异或植株叶片轻度萎蔫）
3　强（植株叶片中度萎蔫）
5　中（植株叶片严重萎蔫）
7　弱（30%~50%叶片脱落）
9　极弱（50%以上叶片脱落）

5.7.3 耐涝性

石榴植株忍耐土壤湿涝的能力。

以100~200株生长健壮、长势一致的一年生扦插苗为试材，避雨条件下定植在水泥池或盆内。待幼苗长到80cm左右时，进行水淹处理。水量保持超过盆内土壤表面5cm左右，且始终保持在淹水状态，以正常浇水植株为对照，水淹5~10d后（夏季高温季节，淹水时间可适当缩短）观察植株的受害情况。根据叶片受害程度与数量将耐涝性分为5级。

1 极强（叶片与对照无明显差异或少数叶片萎蔫或卷曲）

3 强（多数叶片出现卷曲或萎蔫）

5 中（叶片萎蔫或脱落叶片占30%以下）

7 弱（30%~50%叶片脱落）

9 极弱（50%以上叶片脱落）

5.7.4 耐盐性

石榴植株忍耐土壤中高盐分的能力。

以100~200株生长健壮、长势一致的一年生扦插苗为试材，避雨条件下定植在水泥池或盆内。待幼苗长到80cm左右时，往池内或盆内土壤中灌入NaCl溶液，使土壤的含盐质量分数达0.3%，之后进行常规管理。处理2个月后观察苗木的表现，以土壤中不加NaCl的植株为对照。根据叶片受害程度与数量将耐盐性分为5级。

1 极强（叶片与对照无明显差异或少数叶片的叶缘出现棕色）

3 强（多数叶片的叶缘出现棕色）

5 中（片萎蔫或叶片枯死30%以下）

7 弱（30%~50%叶片脱落）

9 极弱（50%以上叶片脱落）

5.7.5 日灼病抗性

石榴果皮抵抗日灼伤害的能力。

常规管理条件下，在树冠阳面随机选取100个果实，调查果实日灼的发生情况，将日灼果实可分为4个等级（苏颖，2021），分别如下。SB-0：无日灼；SB-1：果面出现轻微日灼症状，日灼部分出现暗红斑点且不到果面的1/5；SB-2：果面褐色斑点开始逐渐明显，日灼部分占果面的1/5~1/4；SB-3：果面呈现黑褐色斑点，且开始出现坏死，日灼部分占果面的1/4及以上。

日灼指数=Σ（各级日灼果数×各级代表值）/（调查总果数×最高级代表值）×100

根据日灼指数确定石榴果实的抗日灼病能力。具体标准如下。

1 高抗（HR）（日灼指数≤15）

3 抗（R）（日灼指数为15~30）

5 中（M）（日灼指数为30~45）

7　感（S）（日灼指数为45~60）

9　高感（HS）（日灼指数≥60）

5.8　抗病虫性

5.8.1　干腐病抗性

石榴果实对干腐病的抗性强弱。

人工接种鉴定（参考方法）。

病原菌的准备：从田间发病的石榴树上取干腐病的病原菌，接种在PDA培养基（厚度3mm）上，在27℃下培养5d，分离纯化得到石榴干腐病菌的孢子悬浮液，浓度约为1×10^6cfu/mL，待用。

待鉴定材料的准备：在完成生理落果的植株上选取50~100个发育正常的果实进行套袋。

接种方法：解开果袋，用装有孢子悬浮液的喉头喷雾器对准果实进行喷雾接种，喷到果面全湿为止，接种后再套袋。在每个袋里放2个蘸水的棉球保湿。

病情调查与分级标准：接种15d后，调查接种果实的发病情况，并进行分级，共分为5级。

0级　果面无病斑

1级　病斑占果面的5%以下

3级　病斑占果面的5%~10%

5级　病斑占果面的10%~25%

7级　病斑占果面积的25%~50%

9级　病斑占果面的50%以上

根据病害等级，计算病情指数。

$$DI=\left[\sum(x_i n_i)/9N\right]\times100$$

式中：DI——干腐病病情指数；

x_i——各级病果代表级数；

n_i——各级病果数；

N——总果数。

重复2~3次。计算平均值。

根据病情指数，确定种质对干腐病的抗性。

1　高抗（HR）（病情指数<5.0）

3　抗病（R）（病情指数为5.0~10.0）

5　中抗（MR）（病情指数为10.0~30.0）

7　感病（S）（病情指数为30.0~50.0）

9　高感（HS）（病情指数≥50.0）

5.8.2 软腐病抗性

石榴果实对软腐病的抗性强弱。

人工接种鉴定（参考方法）。

病原的准备：从田间发病的石榴树上取软腐病的病原菌，接种在 PDA 培养基（厚度约 3mm）上，在 27℃下培养 5d，分离纯化得到石榴软腐病菌的孢子悬浮液，浓度约为 1×10^6 cfu/mL，待用。

待鉴定材料的准备：同 5.8.1。

接种方法：同 5.8.1。

病情调查与分级标准：接种 15d 后，调查接种果实的发病情况，并进行分级，共分为 5 级。

0 级　果面无病斑
1 级　病斑占果面的 5%以下
3 级　病斑占果面的 5%~10%
5 级　病斑占果面的 10%~25%
7 级　病斑占果面的 25%~50%
9 级　病斑占果面的 50%以上

根据病害等级，计算病情指数。

$$SI=\left[\sum(x_i n_i)/9N\right]\times100$$

式中：SI——软腐病病情指数；

x_i——各级病果代表级数；

n_i——各级病果数；

N——总果数。

重复 2~3 次。计算平均值。

根据平均病情指数，确定种质对软腐病的抗性。

1　高抗（HR）（病情指数<5.0）
3　抗病（R）（病情指数为 5.0~10.0）
5　中抗（MR）（病情指数为 10.0~30.0）
7　感病（S）（病情指数为 30.0~50.0）
9　高感（HS）（病情指数≥50.0）

5.8.3 褐斑病抗性

石榴果实对褐斑病的抗性强弱。

病原的准备：从田间发病的石榴树上取褐斑病的病原菌，接种在 PDA 培养基（厚度约 3mm）上，在 27℃下培养 5d，分离纯化得到石榴褐斑病病菌的孢子悬浮液，浓度约为 1×10^6 cfu/mL，待用。

待鉴定材料的准备：同5.8.1。

接种方法：同5.8.1。

病情调查与分级标准：按种 15d 后，调查接种果实发病情况，并进行分级，共分为5级。

0级　果面无病斑
1级　病斑占果面的5%以下
3级　病斑占果面的5%~10%
5级　病斑占果面的10%~25%
7级　病斑占果面的25%~50%
9级　病斑占果面的50%以上

根据病斑发病等级，计算病情指数。

$$HI = [\sum (x_i n_i) / 9N] \times 100$$

式中：HI——褐斑病病情指数；
x_i——各级病果代表级数；
n_i——各级病果数；
N——总果数。

重复2~3次。计算平均值。

根据病情指数，确定种质对石榴褐斑病的抗性。

1　高抗（HR）（病情指数<5.0）
3　抗病（R）（病情指数为5.0~10.0）
5　中抗（MR）（病情指数为10.0~30.0）
7　感病（S）（病情指数为30.0~50.0）
9　高感（HS）（病情指数≥50.0）

5.8.4　根结线虫抗性

石榴对根结线虫的抗性强弱。

田间调查（参考方法）。

首先选最易受根结线虫危害的当地石榴品种为对照，选择当地3处石榴园，每块地随机选10株树，在每棵树的东南西北4个方向随机刨开根部土壤，深度为10~30cm，取相同量的毛细根系，检查根结线虫的发病情况。

根据根结百分率及下列标准，确定种质对根结线虫的抗性。

1　高抗（HR）　没有根结或仅有少量根结，根结百分率<3%
3　抗病（R）　根结明显，根结百分率为3%~15%
5　中抗（MR）　根结明显，根结百分率为15%~45%
7　感病（S）　根结明显，根结百分率为45%~75%
9　高感（HS）　根结明显，根结百分率>75%

5.8.5　桃蛀螟抗性

石榴对桃蛀螟的抗性强弱。

田间调查（参考方法）。

于每年果实采收后，选最易受桃蛀螟危害的当地石榴树品种为对照，采用随机取样法对待鉴定种质的300个果实进行虫果率调查。

根据鉴定种质的虫果率及下列标准，确定种质对桃蛀螟的抗性。重复3年。

1　高抗（HR）（虫果率比值≤0.2）

3　抗（R）（虫果率比值为0.2~0.4）

5　中抗（MR）（虫果率比值为0.4~0.6）

7　感（S）（虫果率比值为0.6~0.9）

9　高感（HS）（虫果率比值≥0.9）

5.8.6　蚜虫抗性

石榴对蚜虫抗性强弱。

田间调查（参考方法）：

春季新梢萌发后，用目测法调查新梢感染蚜虫的数量和程度。对于抗性种质要进行人工接种，每年4—5月，选取正常生长的植株6株，每株选2个新梢，每个新梢接种蚜虫（以当地占主导地位蚜虫种类为好）500~600头，然后用防虫网罩罩住该新梢，7d后进行抗性调查。

虫害调查与分级标准：共分为5级。

1级　叶片未受到危害

2级　叶面有蚜虫，但叶片未受到危害

3级　危害较轻，仅少量叶片卷曲

4级　危害较重，超过50%的新梢叶片出现卷曲

5级　危害很重，几乎所有新梢叶片出现了卷曲

根据叶片的受害级别，计算虫害指数。

$$YI = [\sum (x_i n_i) / 5N] \times 100$$

式中：YI——蚜虫危害指数；

x_i——各级病叶代表级数；

n_i——各级病叶数；

N——总叶数。

重复2~3次。计算平均值。

根据叶片被害程度及蚜虫危害指数，确定种质对蚜虫的抗性。

1　高抗（HR）（虫害指数≤20.0）

3　抗（R）（虫害指数为20.0~40.0）

5　中抗（MR）（虫害指数为40.0~60.0）

7　感（S）（虫害指数为60.0~80.0）

9　高感（HS）（虫害指数≥80.0）

5.8.7　橘小实蝇抗性

石榴对橘小实蝇抗性的强弱。

田间调查（参考方法）。

根据各地实际情况，在橘小实蝇发生盛期，分别在当地选取至少3个果园调查。以当地对橘小实蝇抗性最弱的品种为对照，按5点取样各标记6株树，每树按东南西北中各选取1个果枝套网袋，共套30个网袋（网眼4cm）；从果实成熟开始调查标记果实受害情况，每7d调查1次果实的受害情况，直至采果结束，统计虫果率。统计待鉴定种质与对照品种受害果实的比值。至少重复3年。

根据鉴定种质虫果率与对照种质虫果率比值以及下列标准，确定种质对橘小实蝇的抗性。

1　高抗（HR）（虫果率比值≤0.2）

3　抗（R）（虫果率比值为0.2~0.4）

5　中抗（MR）（虫果率比值为0.4~0.6）

7　感（S）（虫果率比值为0.6~0.9）

9　高感（HS）（虫果率比值≥0.9）

5.9　其他特征特性

5.9.1　染色体数

采用去壁低渗法制备染色体标本，显微镜下观察细胞的染色体数目。二倍体为$2n=2x=18$。

5.9.2　指纹图谱与分子标记

对进行过指纹图谱分析和重要性状分子标记的石榴种质，要记录分子标记的方法，并在备注栏内注明所用引物、特征带的分子大小或序列。

5.9.3　备注

石榴种质特殊描述符或特殊代码的具体说明。

6　石榴种质资源数据采集表

1　基本信息			
全国统一编号（1）		种质圃编号（2）	
引种号（3）		采集号（4）	
种质名称（5）		种质外文名（6）	
科名（7）		属名（8）	
学名（9）		原产国（10）	
原产省（11）		原产地（12）	
海拔（13）		经度（14）	
纬度（15）		来源地（16）	
保存单位（17）		保存单位编号（18）	
系谱（19）		选育单位（20）	
育成年份（21）		选育方法（22）	
种质类型（23）	1：野生资源　2：地方品种　3：育成品种　4：品系　5：遗传材料　6：其他		
种质用途（24）	1：生产　2：遗传育种　3：多种用途		
果实用途（25）	1：食用　2：药用　3：观赏　4：多种用途		
植株用途（26）	1：生产　2：砧木　3：其他		
种质收集源（27）	1：野生　2：果园　3：庭院　4：市场　5：资源圃 6：研究机构　7：其他		
收集材料类型（28）	1：枝条　2：叶片　3：果实或种子　4：花粉　5：根系　6：芽 7：植株 8：DNA		
图像（29）		观测地点（30）	
2 形态特征和生物学特性			
植株生长类型（31）	1：灌木　2：小乔木		
树姿（32）	1：直立　2：半开张　3：开张　4：下垂		

（续表）

株（丛）高（33）	m	株（丛）冠幅（34）	m×m
冠形（35）	1：半圆形　2：圆头形　3：倒圆锥形　4：纺锤形　5：扁圆形		
成年树主干特征（36）	0：无扭曲　1：扭曲		
成年树主干树皮特征（37）	1：光滑　2：纵裂　3：片状剥落		
干周（38）	cm		
一年生枝长度（39）	cm	一年生枝粗度（40）	cm
一年生枝颜色（41）	1：浅灰　2：浅绿　3：黄绿　4：淡红　5：紫红　6：红褐		
一年生枝条枝刺密度（42）	%	节间长度（43）	cm
萌芽率（44）	%	成枝力（45）	3：弱　5：中　7：强
芽姿态（46）	1：贴生　2：斜生　3：离生		
芽颜色（47）	1：黄绿　2：红色	叶片长度（48）	cm
叶片宽度（49）	cm	叶柄长度（50）	cm
幼叶颜色（51）	1：黄绿　2：红色		
叶柄颜色（52）	1：黄绿　2：绿色　3：红色　4：深红		
成熟叶片颜色（53）	1：绿色　2：浓绿		
叶片形状（54）	1：椭圆形　2：纺锤形　3：披针形卵圆形　4：卵状披针形 5：倒卵披针形　6：长柳叶形　7：半月形		
叶尖形状（55）	1：钝尖　2：渐尖	叶基形状（56）	1：楔形　2：圆形 3：渐狭
叶缘（57）	1：全缘　2：浅波状	叶面伸展状态（58）	1：平展　2：波浪
叶片表面蜡质（59）	1：少　2：多	花冠直径（60）	cm
花型（61）	1：单瓣　2：复瓣　3：重瓣　4：台阁		
花瓣着色类型（62）	1：纯色　2：复色		
花瓣颜色（63）	1：白色　2：黄色　3：粉色　4：红色		
花瓣数量（64）	枚		
雌蕊发育程度（65）	1：正常发育，雌蕊高于雄蕊　2：正常发育，雌雄蕊等高 3：雌蕊退化或败育，雌蕊低于雄蕊		
花药颜色（66）	1：淡黄　2：黄色　3：橙黄		
雄蕊数目（67）	枚		

（续表）

萼片刻裂数目（68）	1：<5 裂　2：5~7 裂　3：>7 裂		
花萼颜色（69）	1：黄绿　2：橘红　3：红色　4：紫红		
果实萼片姿态（70）	1：闭合　2：直立　3：开张　4：反卷		
萼筒长度（71）	cm	萼筒宽度（72）	cm
自花结实率（73）	%	自然坐果率（74）	%
果枝百分率（75）	%		
短果枝比率（76）	%	中果枝比率（77）	%
早果性（78）	3：早　5：中　7：晚		
丰产性（79）	3：低产　5：中产　7：高产		
现蕾期（80）		始花期（81）	
盛花期（82）		末花期（83）	
果实成熟期（84）		展叶期（85）	
落叶期（86）		果实发育期（87）	d
3 品质特性			
单果重（88）	g		
果面光洁度（89）	1：PS-0　2：PS-1　3：PS-2		
裂果率（90）	%		
果实横径（91）	cm	果实纵径（92）	cm
果实形状（93）	1：扁圆形　2：近圆形　3：圆形		
果棱（94）	0：不突出　1：突出	果实心室（95）	个
果皮底色（96）	1：黄白　2：黄绿		
果皮盖色（97）	1：粉红　2：橙红　3：红色　4：深红　5：紫黑		
果皮着色程度（98）	1：无　2：少　3：中　4：多		
果皮着色类型（99）	1：条状　2：片状　3：晕状		
果皮厚度（100）	cm		
果面日灼程度（101）	1：SB-0　2：SB-1　3：SB-2　4：SB-3		
籽粒形状（102）	1：长圆形　2：马牙形　3：椭圆形		
百粒重（103）	g		
籽粒硬度（104）	1：极软籽　2：软籽　3：半软籽　4：硬籽		

（续表）

籽粒颜色（105）	1：黄白　2：粉红　3：红色　4：深红　5：紫黑		
针芒（106）	0：不明显　1：明显	可食率（107）	%
出汁率（108）	%	风味（109）	1：酸　2：甜酸 3：酸甜　4：甜
涩味（110）	1：不涩　3：微涩　5：涩		
香味（111）	1：无或几乎无　3：香　5：浓香		
可溶性固形物含量（112）	%	可溶性糖含量（113）	%
可滴定酸含量（114）	%	V_C 含量（115）	mg/100g
单宁含量（116）	mg/kg	花青素含量（117）	mg/kg
鲜食品质（118）	3：下 4：中下 5：中 7：中上 9：上		
贮藏性（119）	3：弱　5：中　7：强		
4 抗逆性			
抗寒性（120）	1：极强　3：强　5：中　7：弱　9：极弱		
耐旱性（121）	1：极强　3：强　5：中　7：弱　9：极弱		
耐涝性（122）	1：极强　3：强　5：中　7：弱　9：极弱		
耐盐性（123）	1：极强　3：强　5：中　7：弱　9：极弱		
日灼病抗性（124）	1：高抗　3：抗　5：中　7：感　9：高感		
5 抗病虫性			
干腐病抗性（125）	1：高抗　3：抗　5：中　7：感　9：高感		
软腐病抗性（126）	1：高抗　3：抗　5：中　7：感　9：高感		
褐斑病抗性（127）	1：高抗　3：抗　5：中　7：感　9：高感		
根结线虫抗性（128）	1：高抗　3：抗　5：中　7：感　9：高感		
桃蛀螟抗性（129）	1：极强　3：强　5：中　7：弱　9：极弱		
蚜虫抗性（130）	1：极强　3：强　5：中　7：弱　9：极弱		
橘小实蝇抗性（131）	1：极强　3：强　5：中　7：弱　9：极弱		
6 其他特征特性			
染色体数（132）	条		
指纹图谱与分子标记（133）			
备注（134）			

7　石榴种质资源利用情况报告格式

7.1　种质利用概况

每年提供利用的种质类型、份数、份次、用户数等。

7.2　种质利用效果及效益

提供利用后育成的品种（系）、创新材料，利用资源挖掘优异性状基因情况以及其他研究利用、开发创收等产生的经济、社会和生态效益。

7.3　种质利用经验和存在的问题

组织管理、资源管理、资源研究和利用等。

8　石榴种质资源利用情况登记表

种质名称					
提供单位		提供日期		提供数量	
提供种质类　型	地方品种□　育成品种□　国外引进品种□　品系□　野生种□ 近缘植物□　遗传材料□　突变体□　其他□				
提供种质形　态	植株（苗）□　果实□　种子□　根□　茎（插条）□　叶□　芽□ 花（粉）□　组织□　细胞□　DNA□　其他□				
统一编号		国家种质资源圃编号			
提供种质的优异性状及利用价值：					
利用单位		利用时间			
利用目的					
利用途径：					
取得实际利用效果：					

种质利用单位盖章　　　　　　种质利用者签名：　　　　年　　月　　日

主要参考文献

安广池，刘桂平，闫志佩，等，2010. 软籽石榴新品种选育初报［J］. 中国园艺文摘，26（7）：1-8.

曹尚银，侯乐峰，2013. 中国果树志·石榴卷［M］. 北京：中国林业出版社.

曹尚银，李先好，郝兆祥，2017. 中国石榴地方品种图志［M］. 北京：中国林业出版社.

何平，余爽，陈建雄，等，2015. 四川攀西地区石榴的主要病虫害及绿色防控技术措施［J］. 中国热带农业（3）：46-49.

胡先奇，2003. 根结线虫的种类及其致病性研究［D］. 广东：华南农业大学.

李瑶，朱立武，孙龙，2003. 石榴根结线虫病发现简报［J］. 中国农学通报，19（3）：1.

李轶冰，杨顺强，任广鑫，等，2009. 低温处理下不同禾本科牧草的生理变化及其抗寒性比较［J］. 生态学报，29（3）：1341-1347.

全金成，陈贵峰，江一红，等，2016. 月柿桔小实蝇为害调查及其原因分析［J］. 中国南方果树，45（3）：144-146.

苏颖，刘春燕，张虎平，等，2021. 120 份石榴种质果实的抗日灼能力评价及抗日灼指标筛选［J］. 果树学报，38（10）：1725-1735.

王丽，侯珲，袁洪波，等，2020. 石榴干腐病病原菌鉴定及两种杀菌剂的防治效果［J］. 果树学报，37（3）：411-418.

王庆军，罗华，赵丽娜，等，2018. 24 个石榴品种的抗寒性评价［J］. 山东农业科学，50（1）：50-54，59.

王彦荣，崔野韩，南志标，等，2002. 植物新品种 DUS 测试指南中的性状选择与标样品种确定［J］. 草业科学（2）：44-47.

孙德茂，2008. 陕西石榴干腐病发生规律与防治研究［D］. 杨凌：西北农林科技大学.

宋晓兵，崔一平，彭埃天，等，2021. 广东省番石榴褐斑病的病原分离及鉴定［J］. 植物病理学报，51（3）：456-459.

唐海霞，冯立娟，王中堂，等，2019. 石榴品种叶片形态特征比较［J］. 山东农业科学，51（3）：40-44，48.

苑兆和，曲健禄，2018. 中国石榴病虫害综合管理［M］. 北京：中国林业出版社.

赵登超，侯立群，侯乐峰，等，2017. 石榴属植物新品种特异性、一致性和稳定性（DUS）测试指南的研制［J］. 热带作物学报，38（2）：233-239.

朱根海，刘祖祺，朱培仁，1986. 应用 Logistic 方程确定植物组织低温半致死温度的研究［J］. 南京农业大学学报（3）：11-16.

周又生，陆进，朱天贵，等，1999. 石榴干腐病生物生态学及发生流行规律和治理研究［J］. 西南农业大学学报（6）：551-555.

Liu C Y，Li J Y，Qin G H，2020. Genome-wide distribution of simple sequence repeats in pomegranate and their application to the analysis of genetic diversity［J］. Tree Genetics & Genomes，16（2）：1-9.

Sarkhosh A，Yavari A，Zamani Z，2020. The Pomegranate：Botany，Production and Uses［M］. UK：CABI.

《农作物种质资源技术规范》丛书

分 册 目 录

1 总论

1-1 农作物种质资源基本描述规范和术语
1-2 农作物种质资源收集技术规程
1-3 农作物种质资源整理技术规程
1-4 农作物种质资源保存技术规程

2 粮食作物

2-1 水稻种质资源描述规范和数据标准
2-2 野生稻种质资源描述规范和数据标准
2-3 小麦种质资源描述规范和数据标准
2-4 小麦野生近缘植物种质资源描述规范和数据标准
2-5 玉米种质资源描述规范和数据标准
2-6 大豆种质资源描述规范和数据标准
2-7 大麦种质资源描述规范和数据标准
2-8 高粱种质资源描述规范和数据标准
2-9 谷子种质资源描述规范和数据标准
2-10 黍稷种质资源描述规范和数据标准
2-11 燕麦种质资源描述规范和数据标准
2-12 荞麦种质资源描述规范和数据标准
2-13 甘薯种质资源描述规范和数据标准
2-14 马铃薯种质资源描述规范和数据标准
2-15 籽粒苋种质资源描述规范和数据标准
2-16 小豆种质资源描述规范和数据标准
2-17 豌豆种质资源描述规范和数据标准
2-18 豇豆种质资源描述规范和数据标准
2-19 绿豆种质资源描述规范和数据标准
2-20 普通菜豆种质资源描述规范和数据标准
2-21 蚕豆种质资源描述规范和数据标准
2-22 饭豆种质资源描述规范和数据标准
2-23 木豆种质资源描述规范和数据标准
2-24 小扁豆种质资源描述规范和数据标准

2-25 鹰嘴豆种质资源描述规范和数据标准
2-26 羽扇豆种质资源描述规范和数据标准
2-27 山黧豆种质资源描述规范和数据标准
2-28 黑吉豆种质资源描述规范和数据标准
2-29 藜麦种质资源描述规范和数据标准

3 经济作物

3-1 棉花种质资源描述规范和数据标准
3-2 亚麻种质资源描述规范和数据标准
3-3 苎麻种质资源描述规范和数据标准
3-4 红麻种质资源描述规范和数据标准
3-5 黄麻种质资源描述规范和数据标准
3-6 大麻种质资源描述规范和数据标准
3-7 青麻种质资源描述规范和数据标准
3-8 油菜种质资源描述规范和数据标准
3-9 花生种质资源描述规范和数据标准
3-10 芝麻种质资源描述规范和数据标准
3-11 向日葵种质资源描述规范和数据标准
3-12 红花种质资源描述规范和数据标准
3-13 蓖麻种质资源描述规范和数据标准
3-14 苏子种质资源描述规范和数据标准
3-15 茶树种质资源描述规范和数据标准
3-16 桑树种质资源描述规范和数据标准
3-17 甘蔗种质资源描述规范和数据标准
3-18 甜菜种质资源描述规范和数据标准
3-19 烟草种质资源描述规范和数据标准
3-20 橡胶树种质资源描述规范和数据标准

4 蔬菜

4-1 萝卜种质资源描述规范和数据标准
4-2 胡萝卜种质资源描述规范和数据标准
4-3 大白菜种质资源描述规范和数据标准
4-4 不结球白菜种质资源描述规范和数据标准
4-5 菜薹和薹菜种质资源描述规范和数据标准
4-6 叶用和薹（籽）用芥菜种质资源描述规范和数据标准
4-7 根用和茎用芥菜种质资源描述规范和数据标准
4-8 结球甘蓝种质资源描述规范和数据标准
4-9 花椰菜和青花菜种质资源描述规范和数据标准
4-10 芥蓝种质资源描述规范和数据标准
4-11 黄瓜种质资源描述规范和数据标准

4-12 南瓜种质资源描述规范和数据标准
4-13 冬瓜和节瓜种质资源描述规范和数据标准
4-14 苦瓜种质资源描述规范和数据标准
4-15 丝瓜种质资源描述规范和数据标准
4-16 瓠瓜种质资源描述规范和数据标准
4-17 西瓜种质资源描述规范和数据标准
4-18 甜瓜种质资源描述规范和数据标准
4-19 番茄种质资源描述规范和数据标准
4-20 茄子种质资源描述规范和数据标准
4-21 辣椒种质资源描述规范和数据标准
4-22 菜豆种质资源描述规范和数据标准
4-23 韭菜种质资源描述规范和数据标准
4-24 葱（大葱、分葱、楼葱）种质资源描述规范和数据标准
4-25 洋葱种质资源描述规范和数据标准
4-26 大蒜种质资源描述规范和数据标准
4-27 菠菜种质资源描述规范和数据标准
4-28 芹菜种质资源描述规范和数据标准
4-29 苋菜种质资源描述规范和数据标准
4-30 莴苣种质资源描述规范和数据标准
4-31 姜种质资源描述规范和数据标准
4-32 莲种质资源描述规范和数据标准
4-33 茭白种质资源描述规范和数据标准
4-34 蕹菜种质资源描述规范和数据标准
4-35 水芹种质资源描述规范和数据标准
4-36 芋种质资源描述规范和数据标准
4-37 荸荠种质资源描述规范和数据标准
4-38 菱种质资源描述规范和数据标准
4-39 慈姑种质资源描述规范和数据标准
4-40 芡实种质资源描述规范和数据标准
4-41 蒲菜种质资源描述规范和数据标准
4-42 百合种质资源描述规范和数据标准
4-43 黄花菜种质资源描述规范和数据标准
4-44 山药种质资源描述规范和数据标准
4-45 黄秋葵种质资源描述规范和数据标准

5 果树

5-1 苹果种质资源描述规范和数据标准
5-2 梨种质资源描述规范和数据标准
5-3 山楂种质资源描述规范和数据标准
5-4 桃种质资源描述规范和数据标准
5-5 杏种质资源描述规范和数据标准

5-6 李种质资源描述规范和数据标准
5-7 柿种质资源描述规范和数据标准
5-8 核桃种质资源描述规范和数据标准
5-9 板栗种质资源描述规范和数据标准
5-10 枣种质资源描述规范和数据标准
5-11 葡萄种质资源描述规范和数据标准
5-12 草莓种质资源描述规范和数据标准
5-13 柑橘种质资源描述规范和数据标准
5-14 龙眼种质资源描述规范和数据标准
5-15 枇杷种质资源描述规范和数据标准
5-16 香蕉种质资源描述规范和数据标准
5-17 荔枝种质资源描述规范和数据标准
5-18 猕猴桃种质资源描述规范和数据标准
5-19 穗醋栗种质资源描述规范和数据标准
5-20 沙棘种质资源描述规范和数据标准
5-21 扁桃种质资源描述规范和数据标准
5-22 樱桃种质资源描述规范和数据标准
5-23 果梅种质资源描述规范和数据标准
5-24 树莓种质资源描述规范和数据标准
5-25 越橘种质资源描述规范和数据标准
5-26 榛种质资源描述规范和数据标准
5-27 杨梅种质资源描述规范和数据标准
5-28 石榴种质资源描述规范和数据标准

6 牧草绿肥

6-1 牧草种质资源描述规范和数据标准
6-2 绿肥种质资源描述规范和数据标准
6-3 苜蓿种质资源描述规范和数据标准
6-4 三叶草种质资源描述规范和数据标准
6-5 老芒麦种质资源描述规范和数据标准
6-6 冰草种质资源描述规范和数据标准
6-7 无芒雀麦种质资源描述规范和数据标准